高效养殖致富
直通车

黄鳝高效养殖技术精解与实例

徐在宽　徐　青　编　著

机　械　工　业　出　版　社

本书系统地介绍了黄鳝人工养殖技术，主要内容有：黄鳝的生物学特性，人工养殖技术，捕捉、运输、囤养和越冬，病害防治，饲料的培育等。本书还列举了许多养殖阶段的具体实例，使读者更生动、具体地了解黄鳝养殖过程。本书在介绍养殖技术中配有“提示”“注意”“窍门”等栏目，便于读者掌握黄鳝人工养殖的关键技术。

本书适合水产养殖户、养殖单位及水产科技工作者阅读参考。

图书在版编目（CIP）数据

黄鳝高效养殖技术精解与实例/徐在宽，徐青编著.
—北京：机械工业出版社，2013.7（2025.8 重印）
（高效养殖致富直通车）
ISBN 978-7-111-42357-7

Ⅰ.①黄…　Ⅱ.①徐…②徐…　Ⅲ.①黄鳝属－淡水养殖
Ⅳ.①S966.4

中国版本图书馆 CIP 数据核字（2013）第 091305 号

机械工业出版社（北京市百万庄大街 22 号　邮政编码 100037）
总 策 划：李俊玲　张敬柱
策划编辑：郎　峰　高　伟　责任编辑：郎　峰　高　伟
版式设计：常天培　责任校对：张玉琴
责任印制：单爱军
保定市中画美凯印刷有限公司印刷
2025 年 8 月第 1 版第 9 次印刷
140mm×203mm · 6 印张 · 143 千字
标准书号：ISBN 978-7-111-42357-7
定价：25.00 元

电话服务　　　　　　　　　　网络服务
客服电话：010-88361066　机　工　官　网：www.cmpbook.com
010-88379833　机　工　官　博：weibo.com/cmp1952
010-68326294　金　书　网：www.golden-book.com
封底无防伪标均为盗版　机工教育服务网：www.cmpedu.com

高效养殖致富直通车
编审委员会

序

改革开放以来，我国养殖业发展非常迅速，肉、蛋、奶、鱼等产品产量稳步增加，在提高人民生活水平方面发挥着越来越重要的作用。同时，从事各种养殖业也已成为农民脱贫致富的重要途径。近年来，我国经济的快速发展为养殖业提出了新要求，以市场为导向，从传统的养殖生产经营模式向现代高科技生产经营模式转变，安全、健康、优质、高效和环保已成为养殖业发展的既定方向。

针对我国养殖业发展的迫切需要，机械工业出版社坚持高起点、高质量、高标准的原则，组织全国 20 多家科研院所的理论水平高、实践经验丰富的专家学者、科研人员及一线技术人员编写了这套“高效养殖致富直通车”丛书，范围涵盖了畜牧、水产及特种经济动物的养殖技术和疾病防治技术等。

丛书应用了大量生产现场图片，形象直观，语言精练、简洁，深入浅出，重点突出，篇幅适中，并面向产业发展需求，密切联系生产实际，吸纳了最新科研成果，使读者能科学、快速地解决养殖过程中遇到的各种难题。丛书表现形式新颖，大部分图书采用双色印刷，设有“提示”“注意”等小栏目，配有一些成功养殖的典型案例，突出实用性、可操作性和指导性。

丛书针对性强，性价比高，易学易用，是广大养殖户和相关技术人员、管理人员不可多得的好参谋、好帮手。

祝大家学用相长，读书愉快！

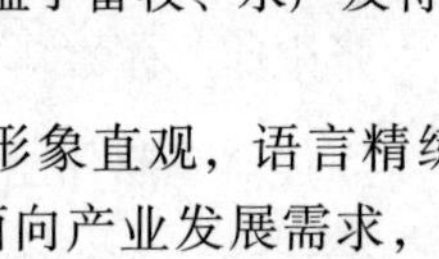

中国农业大学动物科技学院

2014 年 1 月

前言

黄鳝是淡水经济鱼类，营浅水底栖生活，多栖息于稻田、沟渠、池塘等浅水水域。我国南方，一直将黄鳝视作上等菜肴，江、浙一带素有“无鳝不成席”的说法，其肉质细嫩，味道鲜美，营养丰富，且具药用保健功能，深受国内外消费者喜爱。黄鳝被开发成多种食品，已成为餐桌和酒席上的高档菜肴。

在我国，黄鳝多产于天然淡水水域。由于国内外市场需求量上升，捕捞量不断增加，农田耕作制度的改变和农药的大量使用，其自然资源量锐减，产量日趋下降，市场供不应求，价格逐年上升。为了满足市场需求，除了加强天然资源保护、进行环境无公害整治、实施天然资源增殖外，开展黄鳝人工养殖是一条必须和有效的途径。

黄鳝具有耐缺氧、生活能力强、食性杂、浅水底栖等优良的养殖生物学特点，适宜庭院养殖、池塘养殖、稻田养殖、网箱养殖、工厂化养殖等多种集约化养殖方式，并能与多种水产品种进行混养，具有占地面积、占水域水体小，养殖技术较简单，管理、运输方便，成本低，经济效益显著等优点，其巨大的养殖价值正越来越为人们所认识。

黄鳝人工养殖是近年来逐步兴起的一项产业，已涌现出许多成功的养殖新方法和经济效益显著的实例，是值得大力发展的产业。由于黄鳝养殖的生物学特点与一般家鱼有区别，也不能盲目进行，所以，在开展黄鳝养殖之前，除了熟悉黄鳝生物学特点及其养殖技术、经济运作方法之外，还可以借鉴各地黄鳝养殖的成功经验，并结合自身条件进行黄鳝养殖。

为了黄鳝人工养殖产业的发展，让生产者较快掌握养殖的关键技术，我们在科研和生产实践的基础上参考各地的养殖经验编著了本书。书中介绍了黄鳝养殖的生物学特性及其养殖技术关键点，以及不同地区黄鳝养殖的成功实例，这些实例中都附有生产中投入、产出的经济效益分析。

本书所用药物及其使用剂量仅供读者参考，不可照搬。在生产实际中，所用药物学名、常用名和实际商品名称有差异，药物浓度也有所不同，建议读者在使用每一种药物之前，参阅厂家提供的产品说明以确认药物用量、用药方法、用药时间及禁忌等。购买兽药时，执业兽医有责任根据经验和对患病动物的了解决定用药量及选择最佳治疗方案。

由于黄鳝是一种特殊的野生鱼类，开展人工养殖的时间不长，养殖技术尚需不断改进完善，因此本书若有不完善之处敬请读者批评指正。

编著者

目 录

第一章
黄鳝的生物学特性

! 重要提示

1. 黄鳝人工养殖的误区是，将家鱼养殖的经验套用到黄鳝养殖。

2. 黄鳝的身体结构特点决定其生活习性。

（1）只能浅水穴居、水中短游。

（2）要生活在能探头呼吸到空气的浅水域。

（3）需要遮阴环境。

（4）善于钻洞越埂逃跑。

（5）偏肉食性，因此若人工养殖要备足动物性饲料。

（6）有特殊的繁殖特性。

3. 只要达到一定的水温条件，黄鳝便能常年摄食生长。

一　黄鳝营浅栖、穴居生活

黄鳝体呈鳗形（彩图 1），前端管状，横断面近于圆形，尾部侧扁，尾端则尖细。体表无鳞、软滑，呈全裸状态，黏液丰富。虽属鱼类，但无胸鳍、腹鳍，背鳍和臀鳍也退化；侧线发达，略凹于体表。体内无鳔，仅适于在陆上扭动前进，水中作短游。视觉退化，眼极小，为皮膜所覆盖，鳃严重退化，嗅觉和触觉灵敏，这些身体结构特征和功能都表明黄鳝适于浅水穴居。

黄鳝喜栖于河道、湖泊、水库、沟渠的浅水水域和稻田中，白天栖于池埂边的洞穴或堤岸的石隙中，也栖于浅水水域中腐殖质较多的泥穴中，夜晚则离开洞穴觅食。黄鳝一般借助于天然的洞穴，也能选择松软的土层用头掘筑。一般洞穴较深隧，洞长约为鱼体长的3倍左右。穴里弯曲多叉，结构复杂，一般有2个洞口，水位变化大的水体有时有3个以上的洞口。由于黄鳝的鳃严重退化，即使在溶氧充足的水体中也要把头伸出水面呼吸空气，因此黄鳝喜欢栖息在离水面较近的洞中，以便在身体不离开洞穴时挺起觅食和把头部露出水面呼吸空气。黄鳝绝大部分分布在沿岸浅水区域，在水稻田中黄鳝90%以上在田埂边做穴，栖息在稻田中间是极少的。所以在黄鳝人工养殖时，水体不宜过深，一般不超过20cm。黄鳝浅水穴居只是为了有利于在自然界生存而形成的习性。人工养殖时，若在较深水体中植茂密水草等，便可使其穴居习性改为窝居生活，如人工养殖中的工厂化水泥池养殖、网箱养殖等，都是成功的方法。

由于黄鳝穴居、昼伏夜出的习性，致使其视觉退化、视神经功能减弱而趋喜暗，即使是白天黄鳝也极喜阴暗处，如草丛、砖石下，岩缝中，树洞树根中。虽然黄鳝喜暗，但不耐长期绝对黑暗的环境。

二 黄鳝的呼吸方式

黄鳝能通过多种途径来进行呼吸，因鳃退化，只有3对，无鳃耙，鳃丝极短，呈羽状，仅21~25条，所以主要直接通过口腔和皮肤进行呼吸。另外，喉腔内壁表层组织具辅助呼吸作用，冬眠期其皮肤（侧线孔）和泄殖孔也能承担微呼吸。一般状态下黄鳝以前鼻呼吸，一旦水质恶化、混浊或外界惊扰，前鼻只吸而不呼，后鼻则呼而不吸。所以在生长季节即使在溶氧充足的水体中，黄鳝也需要把头伸出来呼吸空气，如果头部无法伸出水面，即使水体溶氧再丰富，黄鳝也有发生窒息的可能。所以要求养殖水体的水深要适宜，过深则会影响黄鳝出水呼吸。

鳝池底泥中有机物及生物耗氧也较多，一般可达每天1g/m^{2}左右。水中溶氧量在3mg/L以上时，黄鳝活动正常。水中溶氧量低于2mg/L时，黄鳝活动异常，会经常浮出水面吸取空气中的氧气。经测定，黄鳝的窒息点是0.17mg/L。黄鳝的辅助呼吸器官发达，能直接呼吸空气中的氧气。因此，养殖水体中的短期缺氧，一般不会导致泛池死亡。

越冬期间应适度换水，使水体保持一定的溶氧。黄鳝在进食、剧烈运动以及气温较高时，从水中获得的氧气已远远不能满足机体运动和代谢的需要，此时黄鳝则转为以呼吸空气中的氧气为主，其表现状态为头部频繁伸出水面呼吸，或者将吻部持续露出水面，即所谓的黄鳝“打桩”。

三　黄鳝吃食和消化的特点

黄鳝为偏肉食性鱼类，在人工养殖中，一旦习惯于摄食某种动物性饲料后，要让其改变往往较难。在食物缺乏和人工驯化的条件下，也会摄取植物性饲料和配合饲料。但是若在规格较大时驯养，即使迫使其摄食一般的人工饲料，也往往导致体重不增长，甚至减轻。幼苗期黄鳝，主要摄食水丝蚓、摇蚊幼虫、轮虫、枝角类，成鳝主要摄食河蚌、螺蛳、蚬子、小鱼、虾、蝌蚪、幼蛙、蚯蚓、飞蛾、蟋蟀、小蟾蜍等。若在饵料奇缺，鳝群个体悬殊时，也常发生大吃小的现象。

黄鳝摄食活动依赖于嗅觉和触觉，并用味觉加以选择是否吞咽。试验表明，黄鳝拒绝吞咽无味、苦味、过咸、有刺激性异味的食物，尤其是对饲料中的添加药品极为敏感，并且拒食。当黄鳝摄食时，如味觉选择错误，吞咽后，前肠会出现反刍现象，将吃进的食物吐出。在有效驯养条件下，能达到黄鳝稳定摄食的人工饵料条件是：全价的营养组成（即在黄鳝的不同生长时期，要保证其摄取的营养全面），特效引诱剂，原料超微粉碎、加工后柔韧性强、耐水性高。

当鳝群个体大小悬殊达到1倍以上，小个体的摄食活动就会被抑制，即使饵料极为充分，也不敢摄食，这一情况的持续发生，将导致同一池的个体悬殊进一步加大。这样会影响小个体的生长。因此，人工养殖时要大小分级。

黄鳝的主要消化器官肠道无盘曲，中间有一结节将肠道分为前肠和后肠，前肠柔韧性强，可充分扩张。这一结构与肉食性鱼类的肠道类似。其消化特点是：对动物蛋白、淀粉和脂肪能有效消化，对植物蛋白和纤维素几乎完全不能消化，因此使用植物性饲料饲养黄鳝的效果往往很差。但另一方面适度植物性饲料的添加可促进黄鳝肠道的蠕动和提高其摄食强度。黄鳝的新陈代谢缓慢，在消化系统上的表现是消化液分泌量少，吸收速率低，这一特征作为种的特性实际上是一种自我保护的功能，可防止在食物匮乏时机体的过度消耗。但这一特性对养殖是极为不利的，严重抑制了增重速度。然而这一特性并非不可改变，在定期投喂和消化促进剂的激活下，消化系统可很快变得极为活跃，同时在人为增强黄鳝的活动量后，这种改善了的消化机能就可以达到稳定。

黄鳝耐饥饿的能力非常强，即使是刚孵出的鳝苗，放在水缸中用自来水饲养，不另外喂食，2 个月也不会死亡。成鳝在湿润的土壤中，过一年也不会饿死。人工养殖中可利用黄鳝耐饥饿的特性进行改革食性过程的驯食。

在冬季水温 5℃ 的水中，黄鳝不摄食，也不生长。但黄鳝“冬眠”停止摄食生长，不是其生理的必需过程，只要水温适宜，通过人工加温养殖，可使其常年摄食生长。

多种饵料的诱食试验证明，黄鳝对各种饵料的嗅觉敏感程度由高到低的顺序为：蚯蚓、蚌、螺、蛙、鸡、鸭、猪肠等。黄鳝摄食量的试验比较结果表明，其摄食量以蚯蚓为最大，黄鳝对蚯蚓酶的敏感程度远远高于一般鱼类。在相距 25m 的同一水面两端，同时分别放入装有蚯蚓和黄鳝的笼子，半小时之内，便有 56% 的黄鳝钻入放有蚯蚓的笼子。黄鳝的该特性有利于顺利完成需要投喂人工配合饲料的驯饲和快速定点饲喂。

四　黄鳝体表黏液的重要作用

黄鳝体表无鳞，但能分泌大量黏液包裹全身。黏液的分泌一方面具有代谢功能，可将体内的氨、尿素、尿酸等排出体外；同时更具有保护功能，可有效防止有害病菌的侵入。黏液内含有大量的溶菌酶，所以一般黄鳝对细菌性传染病具有极强的抵抗力。但溶菌酶只有依附于黄鳝体表，才具有活性，脱离机体，其活性很快消失。

同时溶菌酶的活性还与机体的健康状况有关，当黄鳝体质衰竭，溶菌酶的活性也随之下降。另外，体表的湿度对皮肤黏液的正常分泌和溶菌酶的产生极为重要，皮肤干燥会导致分泌黏液的腺细胞坏死。有害物质或高温、高密度引起的“发烧”会直接损伤皮肤黏液的屏障功能。一旦黄鳝体表的保护层被破坏，有害病菌就会迅速侵入机体。如果创伤较小，同时黄鳝抵抗力较强，此时进行药物治疗则具有一定的疗效。若创面较大，有害病菌会迅速侵染黄鳝局部或全身。所以在鳝种收集和人工养殖过程中应注意保护黄鳝的体表及其黏液，避免黄鳝遭受机械伤害、体表干燥、阳光直射、有害物质刺激等，以免其黏液不正常的过度分泌或失去黏液。

黄鳝体滑善逃，特别是在缺乏饲料、雷雨天、水质恶化时，都易引起大量逃逸。逃逸时，头向上沿水浅处迅速游动，或整个身体跃出；若周围有砖墙或水泥块时，则能用尾向上钩住然后跃出；若池堤有洞或排水道、排水孔，则黄鳝更易逃逸。严重时，饲养的黄鳝可逃得一尾不剩，往往成为养殖失败的重要原因。因此养殖黄鳝时，自始至终要十分重视防逃工作。为防止缺饵逃跑，饲料的准备工作也很重要，要预先准备固定饲料源，同时人工收集或培育足够量的饵料，并根据饲料量来确定养殖量。

五 黄鳝的繁殖特点

1 产卵期长

黄鳝产卵周期较长。在长江中、下游地区，黄鳝的生殖季节是5~9月，产卵盛期是6~7月。繁殖季节会随气温高低而有所提前或推迟。

2 怀卵量少

黄鳝的生殖腺不对称，左侧发达（长达13~14cm），右侧退化（仅为两端封闭的一根细管）。卵巢充分成熟时，雌鳝下腹部膨大，几乎充满整个腹腔，腹部柔软，呈淡橘黄色，透过腹腔，肉眼可见卵巢轮廓与卵粒。

黄鳝成熟卵的卵径大，约2.5~4mm，卵内充满卵黄。全长18~25cm之间的黄鳝单体全部是雌性，并有一定的排卵能力，产卵量一般在100粒左右。全长25~30cm之间的黄鳝，有5%转为雄性，处于性逆转过程的占3%，产卵量一般在100~200粒之间。1990年7月对当阳地区的黄鳝解剖测定结果见表1-1。

表1-1　黄鳝怀卵量与体长的关系测定

体长/cm	标本数/尾	绝对怀卵量/（粒/尾）	
		变动范围	平均值
18.0~25.0	100	25~129	92
25.5~30.0	100	87~325	178
30.6~40.0	100	106~367	291
40.5~49.6	100	124~1 390	367
52.7~70.0	100	167~498	135

3 雌性转雄现象

黄鳝具有独特的性逆转现象，即第一次性成熟时均为雌性，以后逐步逆转为雄性，其中间转变过渡阶段叫雌雄间体，所以在达到性成熟的黄鳝群体中，较小的个体一般为雌性，较大的个体一般是雄性，两者间的个体一般为雌雄间体。实际上，这种呈雌雄间体的性腺组织，从生理变化的角度看，是一个处于动态的性腺组织，是从有功能的典型雌性转变为有功能的典型雄性过程中的一个中间过渡体。它不同于其他生物的雌雄同体，在同一性腺中，肉眼可观察到明显的卵子，而在显微镜下则又能看到活动的精子，所以这一现象较为特殊。

一般认为，黄鳝长至2龄，开始进入雌雄过渡阶段，3龄以上即完成这种雄化转变过程。体长20cm以下的成鳝均为雌性，体长22cm左右的成鳝开始性逆转，体长20~35cm时，绝大多数是雌鳝，体长36~38cm时，雌、雄个体数相等，体长38cm以上时，雄性占多数。

以上情况说明，黄鳝在一年中的不同时期能形成不同的性比结构。对四川地区黄鳝自然生殖群体的性比调查结果显示，黄鳝生殖群体在整个生殖时期是雌多于雄。7月之前雌鳝占多数，其中2月雌鳝最多，占91.3%；8月雌鳝逐渐减少到38.3%，雌雄比例为0.6:1；8月之后多数雌鳝产过卵后，性腺逐渐逆转，至9~12月，雌、雄鳝约各占50%。

4 繁殖洞和泡沫巢

繁殖之前，亲鳝先打洞，称为繁殖洞，繁殖洞与居住洞有区别。繁殖洞一般在埂堤边，如稻田的繁殖洞一般在田埂的隐蔽处，洞口下缘的2/3浸于水中。繁殖洞分前洞和后洞，前洞产卵，后洞较细长，洞口进去约10cm处较宽广，洞的上下距离约5cm，左右距离约10cm。

当雌鳝性成熟时，卵子发育很快，临产前雌鱼成熟系数为20%左右，腹部呈纺锤形，并有一紫红色透明带，能在自然环境中进行自然繁殖。亲鳝常在穴居的洞口附近或水生植物丛中、乱石块间、杂草堆中产卵。产卵前，亲鳝先吐泡沫为巢，然后产卵于巢内。在洞口等处堆成浮巢。由于卵粒无黏性，密度大于水，故亲鳝必须将卵产在浮巢的泡沫中，以借助泡沫的浮力托住受精卵。一般亲鳝排卵和射精同时进行，精液的浮力也有助于卵粒的漂浮。

刚产出的卵呈橙黄色或浅黄色，卵径为3.5mm左右，吸水膨胀后，可扩大至4.5mm左右。亲鳝吐泡沫作巢有两个作用，一是使受精卵不易被敌害发觉；二是使受精卵托浮于水面。因为水面一般溶氧量高、水温高（鳝卵孵化的适宜水温为21~28℃），有利于提高孵化率。

5 密度和产卵

黄鳝在高密度群栖状态下，一般不会产卵。试验证明“高密度”因素起着主导作用。当密度一旦降到10尾/10m^{2}左右时，黄鳝就会大量吐出泡沫或迅速产卵，其原因需进一步研究。

6 护卵护幼

黄鳝有护卵习性。雌鳝产卵后即离开洞穴，由雄鳝护卵。其他鱼类或蛙类接近鱼卵时，雄鳝会迅速出击，赶走它们。在遇到环境恶劣时，雄鳝则将卵吸入口中，转移至安全地方。幼鳝出膜后，亲鳝会继续保护，遇到恶劣环境，如水中严重缺氧时，幼鳝会绞成一团，由亲鳝将它们吸入口中来吸取空气中的氧气或转移到其他地方，一般要等到幼鳝开食、能自由游动时，亲鳝才离开。

六 长成商品黄鳝的生长周期

自然栖息的黄鳝生长速度与环境中饵料的丰歉相关，一般生活于池塘、沟渠的黄鳝生长速度快一些，且丰满度高，而栖息于田间的黄鳝则生长速度较慢。但从总体上来说，自然栖息的黄鳝生长速度较慢。2 冬龄黄鳝一般体长 30. 3 ~ 40. 0cm，体重 20 ~ 49g，年增重 1 ~ 2 倍。自然栖息的黄鳝活动范围小，摄食能力有限，长期处于半饥饿状态，代谢缓慢，能实现自我保护。目前大部分黄鳝养殖均采用投喂鲜活饵料的方法，总体增重极低，以至于造成黄鳝生长速度缓慢的普遍错觉，然而只要在营造良好的养殖环境、有效地驯养和全价的饵料投喂情况下，20 ~ 30g 的鳝种经 3 ~ 4 个月的强化投喂一般增重可达 5 倍，养殖效果就比较理想。

一般来说野生黄鳝所生的越冬幼鳝的体长、体重以及冬龄三者的关系可见表 1-2。人工养殖条件下，只要饵料充足、饵料质量好、饲养管理得当，黄鳝的生长速度就比天然条件下快得多，甚至可达到 1 冬龄全长为 27 ~ 44cm，体重为 19 ~ 96g；2 冬龄全长为 45 ~ 66cm，体重为 74 ~ 270g。黄鳝的生长期存在地区差异，一般南方的生长期较长，北方较短。如江苏、浙江一带的生长期为 5 ~ 10 月，大约 170 天；湖南、湖北、广东、广西、四川的生长期更长些。在6 ~8月黄鳝生长最快。

表 1-2　野生黄鳝所生越冬幼鳝的体长、体重以及冬龄三者的关系

生长期/冬龄	体长/cm	体重/g
0	12. 2 ~ 13. 5	6. 0 ~ 7. 5
1	28. 0 ~ 33. 0	11. 0 ~ 17. 5
2	30. 3 ~ 40. 0	20. 0 ~ 49. 0
3	35. 0 ~ 49. 0	58. 0 ~ 101. 0
4	47. 0 ~ 59. 0	83. 0 ~ 248. 0
5	56. 5 ~ 71. 0	199. 0 ~ 304. 0
6	68. 5 ~ 75. 0	245. 0 ~ 400. 0
7	71. 0 ~ 79. 8	392. 0 ~ 752. 0

第二章
黄鳝人工养殖技术

一　黄鳝人工养殖的开展

1 黄鳝人工繁殖需要的设施

繁殖池和饲养池一样，用水泥池或土池均可，在繁殖前要建一个面积较小的仔鳝保护池。在该池和繁殖池相隔的池壁上要多留些圆形或长形孔洞，孔洞处用铁丝网与繁殖池隔开，仔鳝可以通过铁丝网进入保护池而亲鳝不能进入。在繁殖池及保护池中投入丝瓜筋、凤眼莲（俗称水葫芦）或其他柔软多孔的物品，用绳、网、竹等将这些水草隔离成等大小的块、片，以便亲鳝筑巢、仔鳝隐居栖息。为了减少占地，可以在饲养池中分出一块面积，建立繁殖池，再在繁殖池中做一个仔鳝保护池。

此外，还可以模拟黄鳝在田野产卵的自然环境，人工筑造一些适宜于黄鳝繁殖的环境条件（彩图 2）。繁殖季节将野生亲鳝转移到稻田的田埂旁，任其打洞穴居，让其口吐泡沫，筑巢产卵。根据黄鳝的这种繁殖习性，还可以在繁殖池外四周（离池壁一定距离）或池中堆筑土埂，埂宽 20cm，每隔 70 ~ 100cm 堆筑一条土埂，在土埂上种植一些杂草或水稻，到了繁殖季节，亲鳝就可以在土埂的草丛中活动，打洞吐沫，筑巢产卵。这时便可小心收集这些含有受精卵的泡沫巢，进行人工孵化。

① 成功窍门

1. 亲鳝和鳝苗的隔离，可以采用上（亲鳝）、下（鳝苗）隔离的形式或中央（亲鳝）、周围（鳝苗）隔离的形式。隔离设施可用网箱、网围、铁丝网片、网框和竹栅等。

2. 繁殖出的鳝苗往往多在水草须根里，收集时只要用捞海兜底或取出水草放在预先铺地的密网布、塑布上，抖动水草，使鳝苗掉落在捞海、网布上。

❷ 黄鳝的人工催产、人工授精

黄鳝的人工繁殖一般有人工催产、人工授精和人工催产、自然受精两种方式，前者也称全人工繁殖。

由于黄鳝具有性逆转、怀卵量少、催产剂用量大、孵化时间长、出膜时间不整齐、生长缓慢等特性，人工繁殖难度大、成本较高。同时在自然水域中能够捕捉到大量的黄鳝苗种和天然幼鳝，可以满足黄鳝养殖的苗种需求，因而黄鳝人工繁殖起步较晚，至今尚未普及。但是随着黄鳝养殖业的发展和扩大，单靠捕捉天然苗种势必不能满足日益发展的养鳝业的需求，所以进行人工繁殖势在必行，首先来了解黄鳝的人工催产、人工授精技术。

黄鳝的人工催产、人工授精操作要点是指在人工控制的条件下，使其达到性腺成熟、排卵、受精和孵化出鳝苗的一系列过程。江苏省淡水水产研究所于1985年首次在国内取得人工繁殖黄鳝的成功，后经不断地探索，初步掌握了黄鳝人工繁殖的规律。现将黄鳝的人工繁殖技术介绍如下。

1）亲鳝的选择。用作繁殖的黄鳝叫亲鳝。亲鳝可从野生或人工养鳝池中选留，最好从鳝笼捕捉的黄鳝中，选择优良的个体作亲鳝。选择的标准是：健壮无病、游动迅速、体色最好为黄褐色。

2）雌、雄鳝鉴别。非产卵期雌、雄鳝外观上较难鉴别，一般可凭体长来选留。黄鳝在体长20～35cm时绝大多数是雌鳝，体长在45cm以上时，多数为雄鳝。除个体大小以外，还可以从形态和色泽两方面来加以鉴别。雄性黄鳝体背一般有由褐色素斑点组成的3条平行带，体两侧沿中线分别有1行色素带，其余色素斑点均匀分布如豹皮状。腹部黄色，大型个体呈橘红色，腹壁较厚而不透明。手握雄性黄鳝感觉其挣扎有力，使腹面朝上，无明显膨胀，腹腔内的组织器官不突显。雌性黄鳝体背青褐色，无色素斑或微显3条平行褐色素斑，体侧颜色向腹部逐渐变浅，褐色素斑点细密，分布均匀。腹部浅黄色或淡青色，腹壁较薄。在繁殖季节，手握黄鳝时感觉比较温顺，使腹面朝上，可见到肛门前端膨胀，微透明，显出腹腔内一条7~10cm长的橘红色（或青色）卵巢，卵巢前端可见紫色脾脏，这也是用来鉴别雌雄的主要特征。

3）亲鳝的培育。一般情况下，可按雌雄比3:1选留。将选留好的亲鳝放入繁殖池中饲养，繁殖池的结构同黄鳝饲养池（黄鳝饲养池结构见后文）。每平方米繁殖池中，放养体长20~35cm的亲鳝7~8条，45cm以上的亲鳝2~3条。亲鳝经过人工培育，性腺达到成熟，才能进行催产。培育的好坏直接影响催产结果。亲鳝池中最好投喂蚯蚓、小鱼等优质活饵料，并在水体中栽植水葫芦等水生植物。池中经常加注新鲜水，水深控制在10~20cm，经常观察亲鳝的性腺发育情况。

4）催产。

① 催产亲鳝的选择。人工繁殖需要的催产亲鳝，可以从上述的繁殖池中选择。在实际应用中，也可到市场上直接选购，6月下旬到7月上旬正是黄鳝大量上市的季节。自然环境下，只要选得恰当，人工繁殖也能成功，但从市场选购的亲鳝暂养时间不宜过长，一般在一周内就应进行催产。

雌鳝以选择体重在200~250g的为好，成熟雌鳝腹部膨大呈纺锤形，个体较小的成熟雌鳝腹部有一明显透明带，可见体内卵粒轮廓。用手轻摸腹部柔软而有弹性，生殖孔红肿。雄鳝体重宜选200~500g的为好，雄鳝腹部较小，腹面有血丝状斑纹，生殖孔红肿。用手挤压腹部，能挤出少量透明状液体，在高倍显微镜下可见到活动的精子。

② 催产操作。

a. 催产期和催产适温。催产期视亲鳝成熟度而定，一般在6月下旬到7月上旬。催产水温以22~28℃为宜。

b. 催产剂选用促黄体素释放激素类似物（LRH-A）或绒毛膜促性腺激素（HCG）均可。LRH-A 和 HCG 均为白色结晶，用生理盐水溶液将其充分溶解，精确计算催产剂量，吸入注射器内备用。

c. 注射剂量视亲鳝大小而定。20～50g 的雌鳝，每尾注射 LRH-A5～10μg；50～250g 的雌鳝，每尾注射 10～30μg。如用 HCG，则可按鲤科鱼类用量加倍进行。

d. 注射部位及方法。将选好的亲鳝用干毛巾或纱布包好，防止其滑动，然后在其胸腔注射，注射深度不超过 0.5cm，注射量不超过 1mL。雄鳝在雌鳝注射后 24h 注射，剂量减半。

注射后的亲鳝放在水族箱或网箱中暂养。水族箱中存水不宜过深，一般 20～30cm，每天换水 1 次。水温在 25℃ 以下时，注射后 40h 开始检查，每隔 3h 检查 1 次。同批注射的亲鳝，效应时间很不一致，从开始至结束长达 24h，一般需连续检查到注射后 75h。时间过长，排卵、人工授精都很难获得成功。检查方法是用手捉住亲鳝，摸其腹部，并由前向后移动，若感到鳝卵已经游离，则表明已经排卵，应立即取出进行人工授精。

5）人工授精。将检查选出的雌鳝取出，一手用干毛巾握住雌鳝前部，另一手由前向后挤压腹部，部分亲鳝即可顺利挤出卵，但是多数亲鳝会出现泄殖腔堵塞现象。此时，可用小剪刀从泄殖腔处向里剪开 0.5～1cm，然后再进行挤压，卵一般可被挤出，连续挤 3～5 次，使其排空为止。盛卵容器可用玻璃缸或瓷盆，待卵挤入容器内，立即把雄鳝杀死，取出精巢，剪下一小部分在 400 倍以上的显微镜下观察，若精子活动正常，即把精巢剪碎，倒入卵中，用羽毛充分搅拌，雌雄配比视产卵量的多少而定，一般为（3～5）:1。在搅拌好的卵中，注入林格氏液 200mL，放置 5min 后，再加清水洗去精巢碎片和血污，最后将受精卵放入孵化器中，在静水或微流水里孵化。

鱼用林格氏液配方：$NaCl$：0.75g；KCl：0.02g；$NaHCO_3$：0.0021g；$CaCl_2$：0.021g；蒸馏水：100mL。

6）人工孵化。孵化器可根据产卵数量的多寡因地制宜地选用。数量少的可选用玻璃缸、瓷盘、水族箱，数量多的则可在网箱中孵化。

7）孵化过程注意的事项。

① 无论放入哪种容器孵化，水均不宜太深，一般应控制在 10cm 左右。

② 人工授精时受精率往往较低，未受精的卵崩解时，很容易导致水质恶化，应及时剔除。

③ 在封闭型水体中孵化，应注意经常换水，所换水的温差不能超过 5℃。鳝卵孵化时，在胚胎发育的不同阶段耗氧量不同。在水温 24℃条件下，测定每 100 粒鳝卵每小时的耗氧量，细胞分裂期为 0. 29mg，囊胚期为 0. 46mg，原肠期为 0. 53mg。胚胎发育过程中，越在后期，耗氧量越大。因此，在缸、盆中以静水孵化时，要增加换水次数。一般开始每天换水 1 次，第二天起每天换水 2 次，有条件时用微流水孵化效果更好（表 2-1）。

表 2-1　黄鳝人工催产及孵化情况

催产日期（月．日）	平均水温/℃	效应时间/h	产卵数/粒	受精率（%）	出膜时间/h	出苗数/尾	孵化率（%）
6. 16	23	77. 8	410	15. 4	192→240	34	54. 0
6. 16	23	56	200	20. 0	312→336	27	67. 0
6. 22	23	66. 1	251	25. 0	112→288	57	95. 0
6. 23	22	87	230	16. 5	288→336	32	83. 0
6. 23	22. 1	76. 7	240	44. 5	264→286	93	87. 5
7. 3	25. 5	53. 7	300	53. 3	240→264	142	88. 7
7. 4	24	48. 5	601	88. 5	216①	58	10. 9
7. 7	26	72	550	36. 0	134→254	175	88. 4

注：表中出膜时间前面的数字是开始出膜所需的小时数，后面的数字是出膜全部结束所需的小时数。

① 此次催产后水温出现异常，没有统计结束时间，只以开始时间作参考。

④ 人工催产所得鳝卵的成熟度、受精卵的鉴别。

刚产出的卵，呈淡黄色或橙黄色，密度大于水，无黏性。吸水膨胀后的卵，径长为 3. 8 ~ 5. 2mm，每粒卵重 35mg 左右。成熟度较好的卵，吸水后呈正圆形，形成明显的卵间隙，卵黄与卵膜界限清楚，卵黄集中在卵的底部，受精吸水后 40min 胚胎便清晰可见。成熟度不好的卵，吸水后不呈圆形，或形成比正常卵大 2 ~ 3 倍的巨型卵，卵黄与卵膜界限不清，卵内可见到不透明的雾状物。

⑤ 确定受精卵的指标是鳝卵胚胎发育进入原肠期。鳝卵卵黄丰富，未经处理的卵直接用肉眼或光镜很难看清内部情况，一般要用透明液透明化后，再在光镜下观察才能清晰地看到。

透明液配方：福尔马林：5mL；冰醋酸：4mL；甘油：6mL；蒸馏水：85mL。

孵化水温在25℃左右时，受精后18～22h即可进行观察。此时取出鳝卵，在透明液中浸泡3min后，在光镜下观察，若见到囊胚向下延伸，原肠形成，则表明卵子已经受精。用此法判断得到的结论是十分可靠的。

⑥ 同批鳝卵的出膜时间往往不一，通常出膜是在受精后的5～7天。出膜时大部分是鳝头部先出膜，小部分是尾部先出膜。刚出膜的仔鱼，卵黄囊较大，出膜鱼苗的体长依卵的大小而异，一般为1.2～2cm。出膜鱼苗一般要经4～7天，卵黄囊才基本消失，幼苗体长一般达3～3.1cm。

⑦ 出膜时卵黄囊相当大，直径在3mm左右（图2-1）。此时仔鱼侧卧于水底，能做挣扎状游动。出膜后72h，仔鱼体长可达到19～24mm；出膜后144h，仔鱼体长达23～33mm。此时卵黄囊已基本消失，色素细胞布满头背部，仔鱼能在水中做快速弯曲游动，并开始摄食水中的浮游生物，此时即可转入苗种培育阶段（彩图3）。

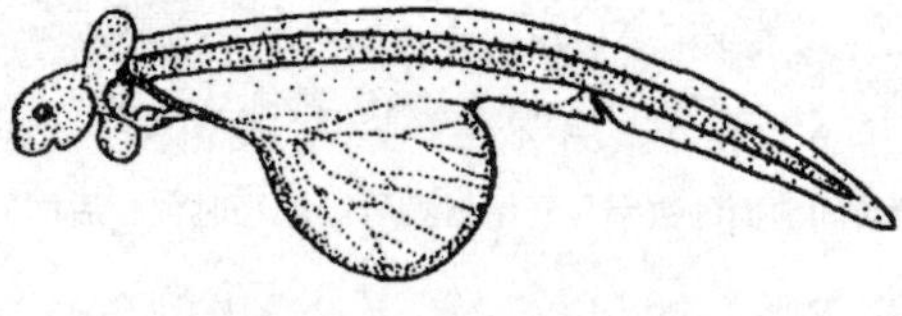

图2-1　刚孵出膜的仔鳝

① 提示

由于黄鳝产卵量少，全人工催产繁殖技术的要求高，作为生产应用，还需进一步试验，否则，与获得理想的经济效益相比还会存在较大的距离。

3 黄鳝的人工催产、自然受精

该方法是在繁殖季节，将从天然水域中捕获到的性腺成熟的黄鳝，按一定的雌、雄比例，注射催产剂催产，成熟度好的也可不注射，让其较同步地、较多数量地自行产卵、受精、孵化，然后捕出仔鳝，单独培育鳝种，也可以小心取出鳝卵进行人工孵化。这种繁殖方法，一般养殖户均能掌握。

繁殖池和饲养池一样，用水泥池或土池均可，在繁殖前要建一个面积较小的仔鳝保护池。在该池和繁殖池相隔的池壁上要多留些圆形或长形孔洞，孔洞处用铁丝网与繁殖池隔开，仔鳝可以通过铁丝网进入保护池而亲鳝不能进入。在繁殖池及保护池中投入丝瓜筋、水葫芦或其他柔软多孔的物品，用绳、网、竹等将这些水草隔离成等大小的块、片，以便亲鳝筑巢、仔鳝隐居栖息。为了减少占地，可以在饲养池中分出一块面积，建立繁殖池，再在繁殖池中做一个仔鳝保护池。例如，可以在池中建造一片密集的水葫芦“床”，让亲鳝在水葫芦中产卵、孵化，幼鳝则可躲藏于水葫芦发达的根系之中。

此外，还可以模拟黄鳝在田野产卵的自然环境，人工筑造一些适宜于黄鳝繁殖的环境条件。繁殖季节将野生亲鳝转移到稻田的田埂旁，任其打洞穴居，让其口吐泡沫，筑巢产卵。根据黄鳝的这种繁殖习性，还可以在繁殖池外四周（离池壁一定距离）或池中堆筑土埂，埂宽20cm，每隔70～100cm堆筑一条土埂，在土埂上种植一些杂草或水稻，到了繁殖季节，亲鳝就可以在土埂的草丛中活动，打洞吐沫，筑巢产卵。这时便可小心收集这些含有受精卵的泡沫巢，进行人工孵化。

（1）亲鳝选择　亲鳝可从市场上选购，或在黄鳝生长较多的稻田沟渠内捕捉，也可在养殖池中挑选。要注意挑选体健无病、游动迅速、体色鲜艳的个体作亲鳝。特别要注意的是，若是从市场选购的亲鳝，身体上一定不能有伤痕，口腔内不能有钓钩及钓钩伤痕。雌鳝选择体长在25～40cm，体重在150～250g的个体，成熟的雌鳝呈纺锤形，个体较小，腹部膨大，有一明显透明带，从体外可见卵粒轮廓，用手触摸，腹部柔软有弹性。雄亲鳝的腹部，经挤压能有少量透明精液。

（2）雌雄亲鳝搭配　在一般情况下，雌雄亲鳝搭配比例为2:1或3:1。因为雌鳝产卵量不大，为了加快其成熟产卵，也可以采取雌雄各半的搭配比例。在1m^3的繁殖池内放入7~8尾雌鳝、3~4尾雄鳝，根据繁殖池的面积，按上述比例，一次放足。

（3）亲鳝培育　下池的亲鳝要精心培育，繁殖的好坏，关键在于亲鳝的培育。在繁殖季节前，投喂饵料以动物性饵料为主，如水丝蚓、螺蛳和河蚌肉等，搭配麦芽以增强营养。在繁殖季节，特别是5~7月，要精心饲养管理，喂足蚯蚓等优质饵料，以促进发育。雌鳝从性成熟后经过产卵期，就开始性逆转慢慢变成雄性，根据这一特性，在雌鳝经过产卵繁殖期后，必须将其捕起，重新调整雌雄亲鳝的搭配比例，以有利于翌年繁殖鳝苗。

（4）催产、受精和孵化

1）人工催产。繁殖季节中，在繁殖池中选择成熟的亲鳝，注射激素进行催产，催产剂的种类和剂量与全人工繁殖的相同。一般情况下，采用LRH-A，以0.3μg/g体重一次性注射的效果较好，雄性剂量减半。如果采用HCG，其剂量以2~3国际单位/g体重为佳。15~50g的雌亲鳝一般要注意LRH-A的剂量为每尾5~10μg，HCG为每尾30~100国际单位。50~250g重的雌亲鳝用LRH-A每尾剂量10~30μg，HCG为每尾100~500国际单位，雄亲鳝一般为雌亲鳝用量的一半。催产剂的配制方法和注射方法如前文所述。如果在繁殖盛期，亲鳝性腺成熟度好，亲鳝数量有保证的情况下，也可不用催产，让其自然产卵受精。

2）产卵、受精和孵化。将经激素注射后的亲鳝放入由铁丝网等围建而成，并且已放养密集的水生植物的繁殖池中，让其自行产卵、受精和孵化。亲鳝在产卵之前会吐泡沫，在杂草丛中或在放入繁殖池中的水葫芦、稻草捆上筑巢。产卵和排精于泡沫巢上形成的受精卵可让其自然孵化。也可将受精卵收集起来，在室内孵化。经半个月到1个月，在繁殖池中即能出现稚鳝。这些稚鳝可以通过铁丝网进入鳝苗保护池，进行鳝苗培育；也可将鳝巢内出现有黑点的鳝卵移入孵化池，培育成稚鳝，这时还可用密网兜捞出孵化池中孵化出的稚鳝，投入鳝苗保护池中喂养培育。

3）产卵及孵化的管理。在黄鳝产卵期间，要力求环境安静，尽量减少惊扰。为繁殖池换水时切忌猛烈地灌水和冲水，而要通过细微的缓流或经常不断地掺水，以保持良好的水质。缓流水应首先通过鳝苗保护池，再缓慢地流入繁殖池，通过缓流的刺激，可以诱导鳝苗溯水而上进入保护池。若在繁殖池中发现有新孵出的黄鳝苗（彩图4），要把它诱集或捕捞起来，投入鳝苗种培育池精心饲养。

方法提示

在生产上通过人工催产、自然受精可获得批量苗种。催产后要加强巡塘观察，发现有雌鳝产出形成的泡沫状卵块，既可让卵在原水域里孵化，也可用碗、盆等小心捞出并转移到室内孵化。巡塘操作要尽量避免惊扰亲鳝。

二 黄鳝苗种的获得途径

1 野外捕捉收集

（1）收集鳝种　每年4～10月可在稻田和浅水沟渠中用鳝笼捕捉，特别是在闷热天或雷雨后，出来活动的黄鳝最多，晚间多于白天。一人一次可带200只鳝笼。晚间或雷雨后放入沟田，数小时后即可捕到黄鳝。用鳝笼捕捉黄鳝时，要注意两点，一是用蚯蚓作诱饵为佳，每只笼一晚上取鳝2～3次；二是在捕鳝笼入水时一定要将笼尾稍露出水面，以使黄鳝在笼中能呼吸空气，否则会闷死或患上缺氧症。黎明时收回鳝笼，将个体大的出售，小的作为鳝种。用这种方法捕到的鳝种，体健无伤，饲养成活率高。另一种方法是在晚上点灯照明，沿田埂渠沟边巡视，发现出来觅食的鳝鱼，用捕鳝夹捕捉或徒手捕捉（中指、食指和无名指配合）。捕捉时，尽可能不损伤作鳝种的个体。捕到的鳝种应尽快返抵养殖池且分不同规格放养。

在黄鳝经常出没的水沟中种植水葫芦，6月下旬至7月上旬就可去收集野生鳝苗。方法是先在地上铺一塑料密网布，用捞海（图2-2）把水葫芦捞至网布上，原来藏于水葫芦根中的鳝苗会自动钻出来，落在网布上。可将收集到的野生鳝苗放入鳝苗池中培育。

另一种方法为6月中旬，在黄鳝生活的水域中预先用马粪、牛粪、猪粪拌和泥土做成块状分布的肥水区，肥水区内可长出许多水丝蚓，开食后的鳝苗会自动钻入这些肥水区觅食，此时可用小抄网（图2-3）捕捉，放入鳝苗培育池中培育。

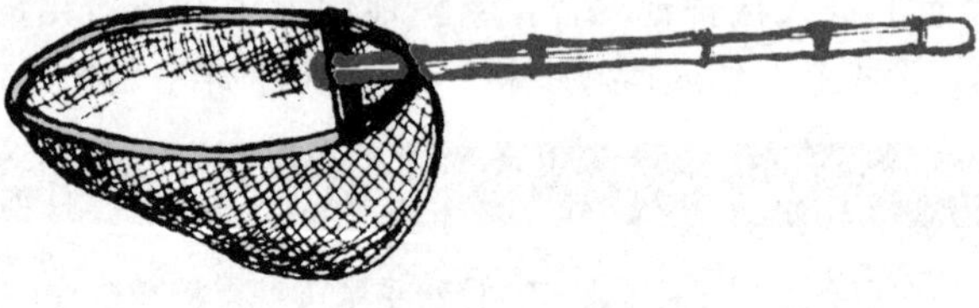

图2-2　捞海

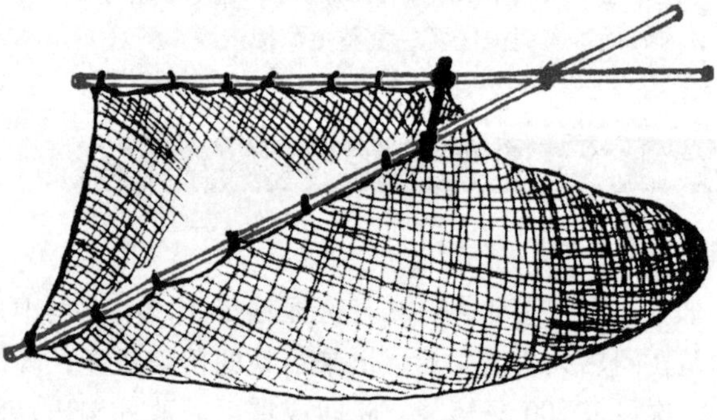

图2-3　抄网

（2）野外收集黄鳝受精卵　每年盛夏期，有些湖岸沼泽地区、农村的水沟和水稻田，常可见到一些泡沫团状物漂浮在水面上，这有可能是黄鳝的孵化巢。当发现这种现象时，应及时用瓢或盛饭的勺子轻轻将它捞起，放在已盛入新水的面盆或水桶中，而后将鳝卵小心地放在鳝卵孵化器中孵化。孵化期间的管理与人工繁殖孵化期间的管理相同。

❷ 市场采购

在市场上采购鳝种，要选择健壮无伤的黄鳝。用钩钓来的黄鳝，咽喉部有内伤或体表有损伤，易生水霉病或体表溃疡；有的不吃食，成活率低，均不能作为鳝种；体色发白、无光泽、瘦弱的或活力不佳的，也不能作为鳝种。另外，市场上的商品鳝苗多数经历过不规范的运输过程，易患上“发烧病”。因为上市的黄鳝一般是供销售食用，最好与捕鳝者协议按养殖要求进行捕集。因此，养殖者应选购一直处于换水暂养状态的笼捕鳝种作饲养对象。凡是受农药污染的黄鳝和药捕的黄鳝也不能作鳝种（药捕的黄鳝腹部多有小红点，时间越长红点越明显，活力也欠佳）。患有各种鳝病的，如常见的毛细线虫病、水霉病、梅花斑病，也不宜选用。一般可将黄鳝分为 3 种。第一种体色黄并杂有大斑点，这种鳝种生长较快；第二种体色青黄，这种鳝种生长一般；第三种体色灰，斑点细密，生长不快。3 种鳝种应分开饲养。每千克鳝种生产成鳝的增肉倍数是：第一种为 1:(5~6)；第二种为 1:(3~4)；第三种为 1:(1~2)。鳝种的大小最好是每千克 20~50 尾，规格太小，成活率低，当年还不能上市；规格太大，增肉倍数低，单位净产量不高，经济效益低。不过放养何种规格的鳝种还得考虑市场因素，如果春节前后市场上规格大的商品鳝价格很高，养殖者也可适当考虑放养大规格的鳝种，甚至成鳝。

3 采集黄鳝苗种应注意的问题

1）捕捞方式以笼捕最佳，电捕可适量选用。

2）订户收购，要求捕捞户每天将捕捉的黄鳝按 1 份黄鳝 4 份水的比例储存，起笼到储存时间尽量控制在 1h 内。

3）养殖户必须在每天上午将当天捕捉的黄鳝收购回来，途中时间不得超过 4h。

4）收购时，容器盛水至 2/3 处，内置两指以上的聚氯乙烯网片。

5）鳝苗运回后，立即彻底换水，黄鳝量与换水量的比例达 1:4 以上。

6）在浸洗过程中剔除受伤和体质衰弱的鳝苗。

7）1h 后，先对黄鳝进行分选，规格分 25g 以下和 25~50g 两类，然后放入鳝池。

8）整个操作过程中水的更换应避免温差过大（2℃以内）。

9）鳝种放养之初，在池中会不断游动，寻找安身之处，最后，大部分黄鳝便躲入水草丛等“窝”中，但往往会有一些黄鳝总是游离在“窝”外，在池底独处或长久地在水面“打桩”，活动能力渐弱，很容易被徒手捕到。这类黄鳝往往是“问题”黄鳝，在养殖过程中会陆续死亡，所以管理中应密切注意这类黄鳝，一旦不行要及时捕起卖掉或趁早用专池单独进行治疗性饲养，待活力强后，再返回原池，以避免放种阶段鳝种死亡或疫病传播而造成经济损失。

10）应注意保护黄鳝的野生资源，例如，采取隔年采捕、在地域内留存一定数量鳝种以及保护野生黄鳝繁殖的生态环境等方式，一方面保护了种质资源，另一方面也是为人工养殖留有足够的苗种来源。

> ① 提示
>
> 1. 黄鳝人工养殖的成败，成活率是关键，这与鳝种的好坏密切相关。人们误认为黄鳝生命力强，便不重视鳝种的采集过程，应认识到采集的黄鳝是为了人工养殖时能保证其摄食生长旺盛的，而不是为上市食用的，所以要避免产生“暗伤”。
>
> 2. 收集的鳝种要进行分选，将初期放养不合格的，另池暂养或作为食品出售，以免因陆续死亡带来更大的经济损失。

三 黄鳝苗种的驯饲

依据黄鳝的天然食性，国内养殖者们普遍采用投喂鲜活饵料的方法进行人工养殖，这些鲜活饵料包括蚯蚓、小杂鱼、河蚌、螺类或灯火诱虫。其优点是黄鳝能很快形成摄食习惯，但缺点是增重倍数低、鲜活饲料无法保证长期稳定供应，尤其是在大规模养殖时，这一局限性更加难以克服。

能否使用人工配合饵料饲养黄鳝是实施黄鳝规模养殖必须解决的问题。也有一些养殖户自己配制一些人工饵料进行饲喂，但由于对黄鳝的食性转变过程、人工饵料配制的营养全面性及制备方法等认识不足，最终黄鳝的摄食率和增重情况均不理想。

（1）驯养前的准备工作

1）河蚌：收购若干鲜活河蚌，置于池塘暂养储存。

2）饲料：黄鳝专用人工饲料。

3）冷柜：河蚌肉在使用前，先进行冷冻处理。

4）绞肉机：绞肉机（大号），配2个模板（3～4mm、6～7mm）。

5）电动机：1.5kW单相电动机1台。

6）机架：安装绞肉机和电动机。

（2）驯养方法　本技术是以建立黄鳝饥饿感和制作合适的饲料形状来提高黄鳝驯养的成功率。例如，驯养饵料选用新鲜蚌肉，经冷冻处理后，用6～7mm模孔的绞肉机加工成肉糜，蚌肉不能被黄鳝有效消化，但却是黄鳝喜食的饵料之一。每天下午5：00～7：00投喂，每天1次，投喂量控制在鳝苗总重1%的范围之内。这一数量远在黄鳝饱食量的5%～6%以下，因而黄鳝始终处于饥饿状态，可以为建立群体集中摄食的条件反射创造条件。这样的河蚌肉糜加适量清水均匀泼洒3天左右，过渡到定点投喂。例如，每池设4～6个点，定点投喂2天后则以3～4mm的模孔加工肉糜，按8%的量添加到人工配合饲料中，以上述绞肉机的模孔加工成长3～4cm的长形软颗粒，略风干后按重量的2%，每天定点投喂1次，宜下午5：00～7：00投喂，以15min能吃完为度，也可按下面的方法驯饲。

（3）鳝苗的驯饲过程

1）投饲驯饲过程。鳝苗的开口饲料最好是水丝蚓，天然饲料还有大型轮虫、枝角类、桡足类、摇蚊幼虫和微囊饲料等。经过10～15天培育，当鳝苗长5cm以上时可开始驯饲配合饲料。驯饲时，将粉状饲料加水揉成团状、定点投放池边，经1～2天鳝苗会自行摄食团状饲料。对于15cm以上的野生苗种则需在鲜鱼浆或蚌肉中加入10%的配合饲料，并逐渐增加配合饲料的比例进行驯饲，驯饲时间一般为5～7天，鲜活饲料预处理按无公害养殖要求进行。

2）投饲量。鲜活饲料的日投饲量为鳝体重的8%～12%，配合饲料的日投饲量（干重）为鳝体重的3%～4%。

3）培育管理要点。根据鳝苗的生长和个体差异及时分级饲养，同一培育池的鳝苗规格尽可能保持一致。大规格鳝种在苗池中培育，当鳝种达到个体重20g时转入商品鳝的养殖。

应做到水质清洁，勤换水，保持水中溶氧量不低于3mg/L。流水饲养池在生长季节水流量应控制在0.01～0.1m^3/h，一般每周彻底清除池内污物1次。

换水时水温差应控制在3℃以内。生长水温以20～28℃为宜。当水温高于30℃，应采取加注新水、搭建遮阳棚、提高水葫芦或空心莲子草（俗称水花生）的覆盖面积等防暑措施；水温低于5℃时应采取提高水位确保水面不结冰、搭建塑料棚或放干池水后在泥土上铺盖稻草等防寒措施。

每天早、中、晚巡池检查，投饲前检查防逃设施、网箱是否完好；适时根据黄鳝吃食情况调整投饲量；观察黄鳝的活动情况，若发现异常，应及时处理；勤除杂草、敌害、污物；洗刷网箱四壁，防止网孔堵塞，及时清除剩余饲料；清除死亡和体质衰竭的鳝苗；保持进、排水系统畅通；预防尤其是在暴雨季节严防溢池事故发生；查看水色，测量水温，闻水有无异味，做好巡池记录。

（4）野生鳝种的驯饲　野生鳝种入池后宜投饲蚯蚓、小鱼、小虾和蚌肉等鲜活饲料，摄食正常1周后每100kg鳝用0.2～0.3g左旋咪唑或甲苯咪唑拌饲驱虫1次，3天后再驱虫1次，然后开始用配合饲料驯饲。驯饲开始时，将鱼浆、蚯蚓或蚌肉与10%的配合饲料揉成团状饲料或加工成软颗粒饲料或直接拌入膨化颗粒饲料进行投饲，然后逐渐减少活饲料用量。经5～7天驯饲，鳝种一般能摄食配合饲料。鲜活饲料预处理按无公害养殖要求进行。

四　黄鳝苗种的培育

苗种培育是将体长25～30mm、开口摄食的鳝苗，培育到体长150～250mm、体重5～10g的鳝种，一般培育期为4～5个月。也有只培育到体重3g以上便进行成鳝养殖的。

1 黄鳝苗种培育池的准备

苗池的地址要求环境安静，避风向阳，水源充足、便利，水质良好，进排方便。新建的水泥池必须经脱碱处理，待酸碱度近中性时再放鳝苗。

鳝苗宜采用苗种池微流水培育，选用小型水泥池，池深30～40cm，上沿要高出地面20cm以上，以防雨水漫池造成逃苗，池设进、排水口，用塑料网布叠加密眼金属网罩住。排水口位于池的最低处。培育池面积一般不超过 10m²，池底加土 5cm 左右。每平方米加已发酵过的牛粪或猪粪 0.5kg，水深 10～20cm。最后引种部分水丝蚓入池，约 2/3 的池面种植根须丰富的水葫芦。

2 黄鳝苗的放养

出膜后 5～7 天的鳝苗即可入池培育，每平方米放鳝苗 500 尾。开口饵料最好用水丝蚓，也可喂浮游动物，或碎鱼肉、鲜蚯蚓的碎浆等动物性饵料，做到饱食下塘和肥水下塘。黄鳝具有自相残杀的习性，放养时切忌大小混养。

放养鳝苗注意以下 4 点。

1）鳝苗在卵黄囊消失后，先用煮熟的蛋黄在原孵化器中喂养 2～3 天，再放入鳝苗培育池中。

2）鳝苗下池前，要进行抽样记数，以便准确控制放养密度和总量。

3）鳝苗下池时，盛苗容器里的水温与苗种池的水温相差不能超过 3℃，若温差过大，应进行调节。调节的方法是将苗池内的水慢慢舀入盛苗容器中，直至池中水温与容器水温相当时，再倾斜容器口，让鳝苗随水流入池中。

4）鳝苗下池的时间，以施肥后 7 天左右下池为宜，此时，正是天然浮游动物出现的高峰时期。下池时，要避开正午阳光强烈的时间，以上午 8：00～9：00 和下午 4：00～5：00 下池为佳。

3 鳝苗培育的饲养管理

当池中水温在 15℃以上时，要加强对这批鳝鱼的投饵喂养。预先培育水丝蚓、水蚤等活饵料，应充分满足鳝苗摄食需要，加快生长。同时培育池内，可先用鸡粪等有机肥培育出浮游动物，然后将鳝苗放入，让鳝苗靠吃浮游动物生长。若浮游动物不足，则可辅助投喂一些煮熟的蛋黄浆。平时注意水质管理，经常加注新水。经过 1 个月饲养，幼鳝一般可长至 51～53mm。到年底，每平方米可出幼鳝 100 尾左右（已分级稀养），每尾体长可达 15cm，体重 3g 以上，这时可转入成鳝池饲养。鳝苗的生长速度见表 2-2、表 2-3。

表 2-2　鳝苗的体长增长情况（1 个月内）

饲养时间	刚孵出	第 3 天	第 5 天	第 6 天	第 10 天	第 15 天	第 20 天	第 25 天	第 30 天
体长/mm	17.4±1.2	19.0±1.0	20.6±0.9	22.1±0.4	25.4±0.3	28.4±0.3	36.4±0.8	44.7±0.6	52.7±0.6

表 2-3　鳝苗体长和体重增长情况

标本日期（月．日）	饲养天数/天	采样数量/条	体长/mm	平均体长/mm	体重/g	平均体重/g	递增体重/g
6.30	15	9	27～30	28.4	0.0181～0.024	0.02137	—
7.30	45	20	48～86	74.3	0.1195～0.3988	0.2453	0.2239
9.1	78	15	95～125	105	0.5369～1.408	0.8254	0.5801
10.9	116	20	105～195	141.3	0.8991～7.4672	2.359	1.533
11.14	151	35	150～245	161.8	1.630～11.74	3.776	1.417

具体投饲方面，鳝苗须肥水下池，下池的头几天，最好能散喂水丝蚓碎片使鳝苗能吃到充足的开口食料，并训练鳝苗养成集群摄食的习惯。若没有水丝蚓，也可采集活蚯蚓打成浆投喂。投喂须定点，形成固定的食场。这样经过半个月饲养，鳝苗体长可达 30mm 左右，进行第一次分养后，即可投喂整条的蚯蚓、蝇蛆、杂鱼肉浆，辅以少量麦麸、米饭、瓜果、菜屑等。日投饲量为鳝苗体重的 8%～10%，每天投喂 2 次，上午 8：00～9：00 和下午 4：00～5：00。待第二次分养后，可投喂大型的蚯蚓、蝇蛆及其他动物性饲料，也可配合投喂鳗种饲料。鲜活饲料的日投饲量约占体重的 6%～8%。在人工饲养黄鳝过程中，各地培育鳝苗的方法很多，如以下培育方法。

（1）肥料培苗法　肥料培苗法是采用人畜粪尿经过无公害消毒后沤熟施肥，以肥水来培育鳝苗。具体做法是，每天施经上述处理过的粪肥1次，每平方米施畜粪尿200g或人粪尿100g左右。用时要滤去粪渣，加水稀释，全池均匀泼洒。这个方法的优点是肥料来源广，成本低，操作方便，鳝苗入池后就有天然活饵料，有利于生长。但水质肥度不容易掌握，应注意每次施肥量，以调节水质。

（2）黄豆培苗法　黄豆培苗法是用黄豆浆来喂养鳝苗，具体做法是，用黄豆或黄豆饼磨成浆喂苗。先将黄豆用水浸泡到豆瓣之间的凹隙胀平为宜，浸泡时间过长或过短都会降低出浆率。浆的含量一般用黄豆1.25kg或1.5kg，浸泡后加水20~22.5kg。磨好的浆汁，用榨浆袋沥去豆渣，尽快泼浆喂鳝苗，时间不能搁得太长，以防产生沉淀和变质。投喂时间应在早晚，采取少量多餐的方法，不宜一次过量而影响水质。黄豆的用量，在鳝苗下池的头几天内，每平方米每次用黄豆45~50g，以后视水质肥瘦和鳝苗生长情况，灵活掌握投饵量。若一旦遇到暴雨，一定要在雨停后再喂；鳝苗缺氧浮头时，要等恢复正常后再喂，若浮头持续，就应停喂，并适当加入新水。此法的优点是豆浆营养丰富，能满足鳝苗生长发育的需要。鳝苗吃剩下的豆浆又可肥水，产生鳝苗喜食的活饵料，池水肥而稳定，容易掌握，并且培育的鳝种体质健壮。但其缺点是成本高，耗工多，加之鳝苗入池的头几天缺少天然的饵料，致使生长差。

（3）施肥和投料两者相结合的培苗法　即在鳝苗下池前5天左右，每平方米施肥料10~15g，培养供给鳝苗摄食的天然饵料。鳝苗下池的头几天，鳝池饵料是否充足是决定鳝苗成活率高低的关键。这时最好兼喂些人工饵料，如每平方米每日喂黄豆浆5~10g，投喂预先准备的浮游动物、蚯蚓浆等。以补充天然饵料的不足，以后每隔3~5天，每平方米施肥料10g左右。当鳝苗培育10天后，因食量增加又需投喂饲料。两者混合使用可灵活掌握，若鳝苗下池而水质不肥时，宜多泼些豆浆，使鳝苗吃饱吃好；当池水肥沃时，就不必再多泼豆浆；当池水变瘦，或在阴天，气温低肥料分解缓慢，应多投饲料。

鳝苗培育到11月中下旬，一般均能达到15cm以上的鳝种规格，此时既可转入成鳝养殖池越冬，也可让鳝种在原池越冬。一般当水温达12℃左右时，鳝鱼即停止摄食，钻入泥中越冬。

日常管理要点为：

1）通过适时换水与定期加注新水和适量换水来调节水质，春秋季每7天换水1次，夏天3天换水1次，每次换水量为池水总量的1/3～1/2。换水时采取先排后进的方法，换水时间安排在傍晚前后进行。

2）调控水温，鳝苗培育池中的水温最好能调控在25～28℃之间。夏季高温季节，必须采取降温措施，主要的措施为在池面上空搭设荫棚、水面种植一定数量的浮叶植物，也可采取换水降温的方法，即向池内不断加注清凉水。有条件的地方，最好能将上述两条措施结合进行。

3）勤巡塘，每天早、中、晚巡塘3次，检查防逃设施，观察鳝苗动态，及时捞除污物。

4）做好病害防止工作，及时驱除池中敌害生物。定期使用有益微生物制剂，用以改善水质，维持良好的藻相、菌相。

5）鳝苗分养　在饲养过程中，要注意适时分养。方法是在鳝苗集中摄食时，用密眼捞海将身体健壮、抢食能力强、规格较大的鳝苗捞出，放入新培育池内。

一般在苗种培育过程中，进行2次分养。鳝苗下池经半个月饲养、体长达30mm以上时，进行第一次分养，具体的操作方法为，在鳝苗集群摄食时，用密眼捞海将身体健壮、摄食活动力强的鳝苗捞出，放入新的培育池中，使鳝苗的密度从放养时的500尾/m^2降到200～250尾/m^2。鳝苗经1个多月的饲养、体长达到50～55mm时，依照上述方法进行第二次分养，使池内的密度下降到100～150尾/m^2。以后可根据具体情况来确定是否进行第三次分养。

① 成功窍门

1. 备足天然活饵料和动物性饵料是黄鳝苗种培育成败的关键之一，所以要预先培育、收集水蚤、蝇蛆、蚯蚓和鱼肉等动物性饵料。

2. 苗种培育中要注意调控水质，使水体和底质富含有益藻群和有益菌群，防止病害发生。

五 商品黄鳝的养成

① 关键提示

1. 健壮、无病、无暗伤的鳝种。
2. 充足的动物性饲料。
3. 供黄鳝窝居的茂盛水草和适居水体。
4. 富含有益藻群和有益菌群的水质和底质，防止病害发生。

黄鳝养殖有各种方式，如池塘、网箱、稻田等养殖方式，其中以网箱养殖较为灵活方便。

1 土池或水泥池养殖

（1）黄鳝苗种池　苗池的地址要求环境安静，避风向阳，水源充足、便利，水质良好，进排方便。新建的水泥池必须经脱碱处理，待酸碱度近中性时再放鳝苗。

鳝苗宜采用苗种池微流水培育，选用小型水泥池，池深 30～40cm，上沿要高出地面 20cm 以上，以防雨水漫池造成逃苗，池设进、排水口，用塑料网布叠加密眼金属网罩住。排水口位于池的最低处。培育池面积一般不超过 $10m^2$，池底加土 5cm 左右。每平方米加已发酵过的牛粪或猪粪 0.5kg，水深 10～20cm。最后引种部分水丝蚓入池，约 2/3 的池面种植根须丰富的水葫芦（彩图 5）。

（2）黄鳝苗种采集设施　捕鳝笼、装鳝容器、运输工具、养殖池等。

1）运输工具

车辆：微型车，三轮车或手扶、四轮拖拉机均可。

容器：采用可容水 100kg 的铁箱或内衬塑料膜的篾筐。

2）容器内容物有两指以上聚氯乙烯网片，井水、清洁的河道水（井水应提前 10h 置于大容器中）。

3）称量工具、密眼网袋、编织带制的篓筐。

4）暂养池：要求与苗种池相同。

（3）黄鳝养殖池塘　土池宜选建在土质坚硬的地方，从地面下挖30～40cm，取出的土在池周围打埂。埂高40～60cm，埂宽80～100cm。埂分层夯实，池底也要夯实。池底及池周铺设一层无结节经编网，网口高出池口50～60cm，并向内侧倾斜，用木桩固定。池底网上铺一层30cm厚的泥土。

水泥池为全砖石水泥结构，内壁光滑，四角修成弧形，池壁顶部修成“T”形。如果有若干个水泥池可连成一片。池底为厚5cm的混凝土，表面水泥抹光，并整体水平。鳝池两侧种植水葫芦，中间留出1m宽的空置区，作为投放饲料场所。池面积一般为5～20m^2，池深40～50cm，水面离池上沿距离大于20cm。进水口高出水面20cm，排水口位于池的最低处，进、排水分开。

土池在放养前10～15天，清整鳝池，修补漏洞，疏通进、排水口，用生石灰150～200g/m^2消毒，再注入新水至水深10～20cm，池内种植占池面积2/3的水葫芦或水花生。新建水泥池在放养前，应灌满水浸泡15天以上，然后彻底换水。5月上旬，水泥池内引种移入水葫芦，并保持水质有一定的肥力，大约经1个月，水葫芦繁殖足够多后，可将所有鳝池按要求置满水葫芦，要放置紧密，没有空隙。

养殖池场地、水源、水质应符合无公害养殖的要求，地址应选环境安静、水源充足、进、排水方便的地方，池面积根据养殖规模可大可小，一般为2～30m^2。

（4）鳝种放养

1）放养时间。放养鳝种的时间应选择在晴天，水温宜为15～25℃。

2）放养密度。放养规格以20～50g/尾为宜，按规格分池饲养。面积为20m^2左右的流水饲养池放养鳝种以1.0～1.5kg/m^2为宜，面积为2～4m^2的流水饲养池放养鳝种以3～5kg/m^2为宜，静水饲养池的放养量约为流水饲养池的1/2。

（5）投饲技术及管理

1）投喂。

适于鳝养殖用的饲料有：

① 配合饲料。

② 动物性饲料：鲜活鱼、虾、螺、蚌、蚬、蚯蚓、蝇蛆等。

投饲方法应注意“四定”原则。

① 定质：配合饲料的安全卫生应符合无公害配合饲料的要求；动物性饲料和植物性饲料应新鲜、无污染、无腐败变质，投饲前应洗净后用沸水浸泡 3 ~ 5min，或 20mg/L 的高锰酸钾溶液浸泡 15 ~ 20min，或 5% 的食盐溶液浸泡 5 ~ 10min，再用淡水漂洗后投饲。

② 定量：水温在 20 ~ 28℃ 时，配合饲料的日投饲量（干重）为鳝体重的 1.5% ~ 3%，鲜活饲料的日投饲量为鳝体重的 5% ~ 12%；水温在 20℃ 以下，28℃ 以上时，配合饲料的日投饲量（干重）为鳝体重的 1% ~ 2%，鲜活饲料的日投饲量为鳝体重的 4% ~ 6%。实际生产中投饲量的多少应根据季节、天气、水质和鳝的摄食强度进行适当调整，所投的饲料宜控制在 2h 内吃完。

③ 定时：水温在 20 ~ 28℃时，每天 2 次，分别为上午 8：00 前和下午 5：00 后；水温在 20℃以下，28℃以上时，每天下午 5：00 ~ 6：00 投饲 1 次。

④ 定点：投饲点应固定，宜设置在阴凉避光处，并靠近池的进水口。

2）管理。

巡池、水温、水质管理参见本章三中相关鳝苗培育的部分内容。

3）混放泥鳅和螺蛳。在鳝池中可以混养一些泥鳅（0.5 ~ 1kg/m^2）、螺蛳（0.5 ~ 1kg/m^2）。泥鳅可吃去黄鳝的残饵，并能上下不停窜游，防止黄鳝互相缠绕所导致的损伤或死亡；螺蛳能起净化水体的作用。

4）应注意的以下问题。

① 池埂上可种些爬架作物，如丝瓜、南瓜、豇豆等，在池的四周搭架，使茎蔓在池顶架上对爬。架高视栽培作物的需要而定。

② 土池在放水前，将底泥翻过来，在烈日下曝晒几天则更好。

③ 水体短期缺氧时，黄鳝会把头伸出水面呼吸空气中的氧气，因此水体短期缺氧时黄鳝不会因泛塘而致死。但缺氧会影响黄鳝对

饵料的摄取，影响生长速度。鳝池水浅，投饵量多，又是动物性饵料，水质很容易恶化，应重视防止水质恶化。除了在池中放养水葫芦，再投放些绿萍，则净化水质效果会更好。

④ 防敌害。水老鼠、飞鸟、蛇及家鸭等均可入池捕食黄鳝，一般采用捕捉或驱赶的办法将其清除。

⑤ 雨天和闷热天气时应注意溢水口是否畅通，拦鱼栅是否牢固，防止黄鳝外逃。

（6）越冬　水温降至10℃以下的11月至次年3月是黄鳝的越冬期，应对黄鳝严加保护，使其顺利越冬。将黄鳝池保持有一定水位，以保证池底不结冰；或将池水排干，保持池内土壤湿润，在池面上盖一层稻草、草包等进行保暖防冻。

（7）收获　11月下旬后，水温降至10℃时，黄鳝停止摄食，可利用冲水方法或干池挖捕方法进行黄鳝起捕。

! 重要提示

1. 池塘养殖中注意定期注换新水及改良池底，严防水质、底质恶化，否则由于浅水养殖又投喂大量动物性饵料，产生肉眼难觉察的毒害物积累，致使黄鳝体质下降，陆续死亡。

2. 预先用生石灰消毒的池塘，一定要待石灰碱性彻底消失后方能放养鳝种。

2 网箱养殖

网箱养殖黄鳝与利用常规的水泥池、小土池等饲养方法相比，具有固定投资小、劳动强度轻、规模可大可小、易操作管理、便于利用各类优良水域、黄鳝生长快、疾病少、起捕灵活方便等优点，近年来已在江苏、浙江、湖北、湖南等省展开。国内许多养殖者通过多年的养殖，认为黄鳝网箱养殖切实可行，是一项高产高效、应用潜力大的新兴养鳝方式，具有广阔的发展前景，是今后黄鳝集约化和规模化养殖的主要发展方向。在进行网箱养鳝时，关键是选择优良鳝种和水质清新的水域。合适的水域主要有河沟、水库、湖泊、池塘等。这里重点介绍目前生产上常用的在池塘内设置网箱进行网箱养鳝的技术要点（彩图6）。

（1）网箱设置的水域要求　选择网箱养殖黄鳝一般要求网箱设置水域不宜过小，合适面积在1～10亩（1亩=667m^2）以内，水深1～1.5m。面积过小或水体过浅不能发挥网箱养殖的优势，面积过大或水体过深会造成管理难度加大。选定的水域应坐北朝南，避免北风劲吹，平原地区北向应密植树林。

选定作为网箱养殖黄鳝的水体，一般要求底泥尤其是富营养性底泥不宜太厚，最好低于15cm。因为特定水域在设定了一定规模的网箱后，底质的曝气效果、光合作用及水层对流均受到严重抑制，使底层缺氧状况加剧，促进了厌氧硫化菌的硫化过程，硫化氢浓度快速上升，极易达到有害浓度，从而对黄鳝的生长造成不利影响，严重时黄鳝会出现中毒死亡。如果水域条件无法选择，在设置网箱时，应对底质进行处理。

在网箱养殖黄鳝的水域可以放入一些耐低氧和控制水质的鱼类，一方面可以活跃水体，促进水体流动，另一方面可以清理黄鳝养殖形成的残剩饵料和有机质。可选用的品种以鲫鱼、鲤鱼、鲢鱼、鳙鱼较好，数量为25～50kg/亩左右，具体数量可根据放养规格来决定。由于网箱养殖的水体溶氧量降至2～3mg/L以下是经常性的，虽然缺氧对黄鳝没影响，但放养的鱼类会缺氧死亡，影响水质，因此要做好增氧工作。

对于有条件的黄鳝养殖单位，若能将设置网箱的水池进行水泥护坡，并增设防护板，将更有利于网箱黄鳝养殖的管理和增大养殖成功的保险系数。从调查情况看，在网箱养殖黄鳝过程中，由于鼠害等事故造成黄鳝穿箱逃逸的情况时有发生，采用上述改造后将有利于避免这些情况的发生。

（2）网箱的制作与设置

1）网箱的制作：材料选用网质好、网眼密、网条紧的聚乙烯（PE）无结节网片。网目大小视养殖黄鳝的规格而定，以黄鳝不能逃逸且利于箱内水体交换为原则。生产上一般选用网目为10～36目，网箱上、下纲绳直径为6～8mm。将网片拼接成长方形网箱，规格为3m×2m×1m（或10m×3m×1.2m），在网箱口上方一周伸出6cm的宽檐。

2）网箱的设置：网箱的设置有两种方式，即固定式和自动升降式。网箱成排排列，两排之间架设投饲管理的人行“桥”。

① 固定式：采用长木桩打入池底的方式，每个网箱4个桩，木桩要求粗而牢，入泥深而稳，高出正常水面60～80cm。桩排列整齐，在同一直线上，桩与桩之间还可用尼龙绳相连，并向网箱外端拉纤，使桩更加稳固。网箱四角的绳头各紧系于木桩，拉紧张开网箱，并使网箱上缘出水50cm。

② 自动升降式：是以油桶等浮力大的物体代替木桩，并且按网箱大小用钢筋、角铁或竹木等材料水平固定框架，将网箱四角的绳头系于架上的竖桩，网箱能够随水位自动升降。网箱自动升降式比固定式管理方便，但造价较高。

网箱一般设置于池塘避风向阳处，箱体入水50～70cm，箱底距池底高度50cm。网箱在鳝种入箱前5～7天下水，以利于鳝种进箱前在箱的网片上形成一层由丝状藻类组成的生物膜，可避免鳝种摩擦受伤。待网箱固定后，在网箱内投放水花生，其覆盖面积占网箱面积的80%左右。这样既能起到净化水质的作用，又能为黄鳝提供隐蔽歇息的场所，有利于黄鳝的生长。移植水花生时最好先去根洗净后放在5%的食盐溶液中浸泡10min左右，以防止将水蛭（俗称蚂蟥）等有害生物随草带入箱中。

3）池塘设置网箱的数量：具体数量视池塘大小、养鱼密度、机械配备、饵料配套及养殖管理水平而定，一般而言，网箱设置总面积以不超过水域总面积的50%为宜（图2-4）。

4）制作食台：用高10cm、边长40～60cm的方木框制作，框底用聚乙烯绳编织围成，食台固定在箱内水面下10cm处，每箱设置1～2个食台。

（3）网箱黄鳝人工养殖的技术指标及特点分析

1）技术性能指标

① 鳝苗入箱成活率　95%

② 饲料系数（黄鳝专用全价饲料）　1.5

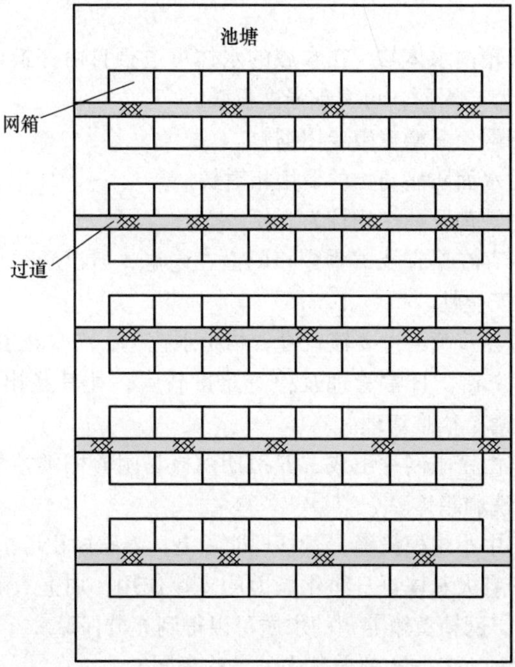

图 2-4　网箱设置布局图

③ 单位（m^2）放养量　0.7～0.8kg

④ 防病措施　生态预防为主、药物预防为辅

⑤ 载体自身净化能力　强

⑥ 载体人为控制净化能力　一般

2）技术经济指标（以单只网箱计算，每只箱 $15m^2$）

① 固定资产投资　120 元

② 流动资金　1 100 元

③ 产量　45kg

④ 产值　2 200 元

3）网箱黄鳝人工养殖的特点分析

① 网箱黄鳝养殖具有网箱养鱼的共性，由于箱内水体与所在大水体的对流，充分解决了黄鳝养殖中水质难控制这一难题，因此网箱黄鳝养殖具有其他黄鳝养殖方式不可替代的优越性，养殖单产也

是最高的。

② 由于箱内水体与所在水域的水体可进行自由交换，载体水质得到充分保障，因而，可实现强度投喂。

③ 使用网箱黄鳝养殖专用饲料。

④ 单位水面防病药物的费用相对较低。

⑤ 越冬管理及捕捞均较为方便。

⑥ 由于存在鼠害及黄鳝穿箱的潜在隐患，所以必须严控，定期检查网箱的安全性。

⑦ 网箱养殖黄鳝主要覆盖设置物是水花生，而水花生根须发达，其生长纵横交错，日常管理及检查难度较大，尤其是出现病情时，伤残及死亡鳝苗很难清理。

⑧ 箱体由密眼网片组成，养殖期内极易附着藻类植物，养殖期间必须频繁洗刷箱体。

⑨ 适于中小规模投资，若管理能跟上，养殖面积可扩大。

⑩ 由于有大水体自身净化能力的支撑作用，加上人工的药物调整控制水质，网箱黄鳝养殖的水质可以得到充分保障。

（4）鳝种准备与土池养殖中的方法相同。

（5）鳝种的放养　目前网箱养殖的鳝苗来源有两种，分别为人工繁殖的苗种和野生苗种。人工繁殖苗种养殖成活率高，增重快，但苗种成本较高；野生苗种成本低，但养殖成活率相对较低，增重较慢。鳝种投放规格一般在尾重20g以上。投放前应用10～20mg/L的高锰酸钾溶液浸浴10～30min，或用3%的食盐溶液浸浴10min，也可采用其他抗生素等进行药浴。在浸浴过程中，剔除受伤、体质衰弱的鳝苗，并进行大小分级。一般分为50g/尾以下和50g/尾以上两级饲养。放养时间为每年4月至5月或7月下旬至8月。放养量为1.5～2.5kg/m^2（人工繁殖的苗种取下限，野生苗种取上限）。若只是为了换取季节差价，不图增重，最大放养量可达4～5kg/m^2。网箱中可同时放入少量泥鳅。

（6）饲料投喂　养成阶段的饲料主要以小杂鱼、蚯蚓、螺蚬、蚌肉等为主，也可驯养后投喂人工配合饲料。苗种刚放入网箱时，投饵范围要大些，然后逐步驯化到定质、定位、定时、定量。

1）定质、定位。饲料必须新鲜，且营养丰富，投喂时其大小以黄鳝张口即可吞入为宜，大块饲料必须切碎或用绞肉机绞碎。另外，投喂黄鳝的饲料需做成条状投在食台上。

2）定时。黄鳝喂食，每天1次即可，一般在每天日落前1h左右进行投喂。10月后水温渐低，黄鳝投饵时间可逐步提前到温度较高的下午。

3）定量。养殖期间鲜饵日投喂量占黄鳝体重的5%～10%，11月后为3%；干饵投喂量占黄鳝体重的2%～4%，11月后为1%。具体日投饵量主要是根据天气、水温、水质、黄鳝的活动情况灵活掌握，原则上一般以投喂后2h左右吃完为度，尽量做到让黄鳝吃匀、吃饱、吃好。

（7）饲养管理　做好日常观察和检查，坚持早晚巡塘。要经常检查、清洗网箱，一般在生长季节隔天清扫1次网箱，清扫时可用扫帚或高压水枪。要经常仔细检查箱体，是否被水老鼠咬破，若有漏洞应及时修补，有条件的养殖户可在网箱养殖区外侧设拦网以防逃。要定期捞取网箱内过多的水花生，防止水花生生长过旺，长出箱体，在雨天出现逃鳝现象。要注意池塘水位变化，特别是在夏季暴雨或高温干旱时，应及时调整网箱位置。随着黄鳝个体长大，应及时筛选分养，调整密度，防止黄鳝以大吃小，根据鳝鱼大小将其分养于不同网箱，约30天分养1次。

（8）鳝病防治

1）在5～9月份每半月用漂白粉或二氧化氯挂篓（袋）1次，每只网箱挂2个袋，每袋放药150g，并定期在箱内水体中浸沤苦楝树皮等中草药。

2）对收集的饵料要严格挑选，防止病从口入。定期投喂已添加0.5%土霉素药渣的配合饲料。每半个月清洗1次箱底，以防残饵腐败水质。

3）选用对黄鳝无副作用的药物进行水体消毒。外用药有漂白粉、强氯精（即为三氯异氰尿酸）等，内服药有土霉素、中草药等防病药物。

① 重要提示

1. 黄鳝死亡腐败、水草腐败、残饵发酵，网孔堵塞、箱外进入的动植物尸体等都会造成网箱内水质恶化，所以要严防局部水体及箱外底质恶化，要定期检查网箱内和设置网箱的水底状况，必要时采用移动网箱位置或提放网箱来交换水体，定期刷洗箱体，清除箱内污物，保持内外水体交换通畅。

2. 定期检查箱体，防损坏、防堵塞、防黄鳝逃逸。

3. 网箱养殖是一种十分灵活的养殖方式，网箱可大可小，既可集约化进行，也可分散到各种水域与其他水产养殖综合进行。

❸ 工厂化养殖

工厂化无土微流水黄鳝养殖是近年来发展的一种新的集约化养鳝方式，与静水有土饲养法相比，因有流水，改善了水质，增加了水中的溶氧，具有养殖密度大、生长快、产量高、成本低、起捕方便等特点。工厂化养殖投资较大、技术要求较高，鳝种、鳝苗和饲养配套应密切配合，规模化养殖才能有较好的效益，一般不适合初养者。

（1）水源　依靠水体持续不断地更新来保持养殖环境正常的理化特性，是本技术的最主要特点。一般每 $100m^2$ 日需水量要保证在 $15m^3$，因此要求水源丰富，同时水质无污染、有机质含量低、水温昼夜差异不大。从水的来源可分为以下几类。

1）库水：一般水库的水体都很清澈，溶氧丰富，有机质含量低，且有害病菌和寄生虫类少，是极佳的养殖用水。取水采用表层1m 以下的水层，该水层水温恒定，基本无昼夜温差变化。

2）井水：地下水是作为黄鳝养殖用水的较佳选择。其水质清新，杂质少，几乎没有有害病菌和寄生虫，但使用必须充分考虑三点。一是水量渗出能否满足养殖需求；二是用前须经蓄水池充分曝气，平衡温度；三是使用前需作检测，井水中不得含有无公害养殖所要求的有毒物质。

3）河道水、湖泊水：由于自然流经和养殖开发的原因，该水源虽然溶氧丰富，但一般都含有较多的杂质和有机质，有一定的浑浊度，并且含有一定的病害生物。如果选作黄鳝养殖用水，应该建蓄水池，以便于对水体进行过滤沉淀或必要的消毒。

4）池塘水：此种水源的有机质和浮游生物浓度极大，尽量不选用。

（2）交通　交通的基本要求是便利，机动车能到达。

（3）地理　一是地势平坦、开阔，硬土基，排水方便；二是建池坐北朝南，避免北风直向处，如果在平原地区，养殖池北向尽量密植树林。

（4）工厂化黄鳝养殖池的规划设计　建黄鳝养殖池应达到以下几点要求。一是鳝池全砖石水泥结构，内壁光滑，四角修成弧形。池底铺设5cm混凝土，表面水泥抹光，并整体水平。施工应确保不开裂、不漏水。二是将池壁顶部修成“T”形，既可防止黄鳝逃逸，又可避免鼠蛇的侵入。三是在鳝池两侧种植大量水葫芦，不仅有利于鳝苗潜伏、夏季遮阳降温和冬季保温，同时更具有极强的水质净化作用。四是在鳝池中间留出1m宽无水葫芦的空置区，作为投喂饲料场所，同时由于鳝苗在水葫芦下活动，可将污物集中于中间，排污极为方便。五是鳝池水体溶存量大，约$3m^3$，有害溶存因子难以达到危害浓度。六是进水排水方便、快捷（图2-5）。

（5）工厂化黄鳝人工养殖的技术指标及特点

1）技术性能指标

① 鳝苗入池成活率	95%
② 饲料系数（黄鳝专用全价饲料）	1.5
③ 单位（m^2）放养量	0.5kg
④ 防病措施	生态预防为主、药物预防为辅
⑤ 载体自身净化能力	较强
⑥ 载体人为控制净化能力	较强

2）技术经济指标（以每$100m^2$计算）

① 固定资产投资	供水系统	0.3万元
	建池及辅助设施	0.4万元

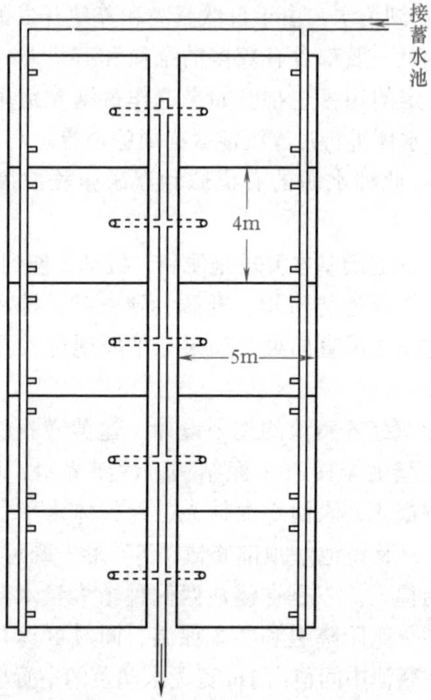

图 2-5　黄鳝工厂化养殖总体规划布局图

② 流动资金　0.5 万元

③ 产量　250kg

④ 产值　1.5 万元

3）工厂化黄鳝人工养殖的特点分析

工厂化养殖又可以称为室外无土水泥池微流水养殖，池内覆盖水葫芦为黄鳝提供潜伏和遮阳的环境。由于改善了载体的自身净化能力和人为调控的作用，高密度养殖的安全性得到进一步提高。虽然该种养殖方式所提供的养殖环境与黄鳝的自然环境有一定的不同，但合理的池内布局和设计直接改良了黄鳝生命活动的主要环境因子。

其特点为，一是养殖池为砖石水泥结构，无土，载体为水体及水生植物。二是由于日常管理和排污的有效进行，强化投喂得到充分实现。三是使用黄鳝专用人工饵料进行定时投喂。四是越冬管理及捕捞均较为方便。五是适于成片管理。六是载体水溶存量大，需大量水源保障供应。七是由于水葫芦的覆盖是工厂化养殖的必要环节，但水葫芦不能自然越冬，因此必须同时设置水葫芦保种设施。八是适于大规模养殖投资，养殖面积宜在1 000m^2以上，形成规模效益。

（6）鳝池放养前的准备工作　鳝池建好后，先灌满水浸泡15天，再彻底换水。5月上旬，引种培育水葫芦。水葫芦培育可用池塘，也可直接在鳝池中进行，保持水体有一定肥力。水葫芦不耐寒，北方需暖棚越冬保种。大约经1个月，水葫芦繁殖足够多后，可将所有鳝池按设计要求置满水葫芦，要求放置紧密，没有空隙。鳝苗放养前2天，泼洒1.5mg/L的抗菌消毒剂，连续3天。

（7）鳝种的选购　养殖的鳝种最好是人工繁殖的鳝种。此类鳝种易驯养、成活率高、苗种纯、病害少，较适宜于人工养殖环境，易养殖成功，但这类鳝种数量较少。目前，养殖黄鳝的苗种大部分来自野生，由于捕捞的野生鳝种带内伤或外伤的较多，若选购不当易造成驯养失败，故要注意以下几点。

1）发烧的鳝不能当苗种。黄鳝有一种难治之症，即“发烧病”。主要是由于高密度运输和暂养所致。

2）药鳝不能选购。药鳝是受农药毒害的黄鳝，从外观上一时很难辨认。黄鳝受农药毒害后，一般在30h后才表现中毒状态，即发灰、翻肚等。这种药鳝不但不能养，而且不能食用。

3）病、伤鳝不能养。体表有伤痕的或是用钩钓的黄鳝不能选用。作为苗种的鳝种，最好是笼捕的黄鳝较为理想。野生鳝也会患各种鳝病，较常见的以下3种都不宜选用。

① 毛细线虫病：病鳝头大、颈细、体弱，严重者常呈卷曲状，此病极易感染。

② 水霉病：病鳝尾部发白，黏液少或者无黏液。

③ 梅花斑病：也叫腐皮病，患病鳝体有明显的红色凹斑，如黄豆大小。

4）活力不强的不能养。购买的鳝种若身体绵软很容易徒手被捉，长久“打桩”的应予以筛除。

（8）鳝种的放养　鳝种经驯养开食后，可进入成鳝池养殖。

1）鳝种放养时间。鳝种一般以早春放养效果较好，水温在15℃左右时最佳。当水温在15℃左右时，经过越冬的黄鳝开始大量摄食，此时黄鳝驯养成活率高，食性易改变，有利于黄鳝在养殖过程中的快速生长。若开春后购种有困难，可在前一年秋季有计划地储养好鳝种，待春季水温回升，即投放鳝种。根据养殖经验，鳝种投放还有一个时间，即7月下旬的鳝种成活率相对较高，避开6月至7月中旬黄鳝的产卵季节，在此时放养鳝种是一个较好的时期，此时的鳝种价格较低，供应量也大。

2）放养密度。放养密度要根据养鳝场的设施条件、饵料来源、鳝种规格及饲养管理技术等因素来确定。一般每平方米放养体重在25～40g的鳝种50～100尾，即1.0～1.5kg/m^2。若条件好、管理水平高，可以多放一些，达到3kg/m^2以上。鳝种的规格若偏大，尾数应相对减少；反之，则增加放养量。

3）鳝种放养注意事项。一是同一个池放养宜一次性放足鳝种。二是同一池中的鳝种规格力求一致，避免因规格不整齐引起大吃小的现象。三是放养前可用4%的食盐溶液浸浴消毒5～10min，以杀灭有害病原，同时可以剔除体弱、有病害的鳝种，减少养殖过程中的发病率。四是待黄鳝摄食正常后，可在池中搭养少许泥鳅，数量占5%左右。泥鳅上下游窜，能防止黄鳝在高密度状态下引起的相互缠绕，以降低黄鳝病害的发生率。

（9）饲料投喂

1）饲料种类。目前，国内黄鳝人工养殖所使用的饲料大致可分为三大类，即动物性鲜活饲料、动物性下脚饲料及人工配合饲料。

① 动物性鲜活饲料：主要有水丝蚓、蚯蚓、蝇蛆、黄粉虫、螺、蚌及昆虫等。这类饲料适口性好，饵料中蛋白质含量较高，营养成分全，转化率佳，是黄鳝喜食的鲜活饵料。也可用鲜活小鱼、虾养鳝，效果也不错。

② 动物下脚料：动物下脚料作为补充性饲料是可取的，一般不

作为饲料直接投喂，可将这些下脚料加工后投喂，效果较好，如肠衣下脚料、蚕蛹等。但黄鳝不食腐败饲料。

③ 人工配合饲料：不少养殖户把国内外市场上的鳗饲料、甲鱼饲料等作为黄鳝饲料，养殖结果表明，黄鳝的摄食率、消化吸收率低、诱食性也差，养殖效果不理想。最好使用黄鳝专用配合饲料并辅以天然鲜活饲料。

2）驯饲。鳝种刚入池的开头3~4天不投饲料，使其腹中的食料消化排泄完全而成空腹。然后将池水排干，再加入新鲜水，这时，黄鳝处于饥饿状态，就可以在晚上进行引食。引食饲料一般采用黄鳝最爱吃的蚯蚓、蚌肉等，而后逐步让黄鳝摄食配合饲料。

引食投饲量第1次可为鳝种总体重的1%~2%，第2天早上检查，如果全部吃光投饲量可增加到2%~3%，若水温在20~24℃时投饲量可增加到3%~4%。若当天的饲料吃不完，第2天早上要将残饵捞出，就不再增加投饲量。一般6天以后就可以完全正常投饲。

3）投饲方法。投饲要做到“四定”、“四看”的原则。

①“四定”：四定为定时、定量、定质、定位。

定时：水温20~28℃时，上午7：00~8：00，下午5：00~6：00，各投饲1次。

定量：水温20~28℃时，日投饲量，一般鲜活饲料为黄鳝体重的5%~10%，配合饲料为2%~3%。具体还要根据“四看”而定。

定质：饲料要新鲜，最好是鲜活料。黄鳝很贪食，往往一次会吃得很多，或将大块饲料吞入腹中，造成消化不良，几天不摄食，严重的还会胀死。因此，一定要将饲料切碎。

定位：饲料投放点应固定，投饲点尽可能集中在池的上水口，这样，饲料一下水，气味就流遍全池，诱使黄鳝集中摄食。

②“四看”：四看为看季节、看天气、看水质、看食欲。

看季节：根据黄鳝四季食量不等的特点，掌握投饲量。重点在6~9月份，投饲量占全年总量的70%~80%（表2-4）。

表2-4 投饲率与季节、水温关系表

月 份	4	5	6	7	8	9	10	11
平均水温/℃	16	22	25	29	28	20	18	14
鲜活料日投饲量占黄鳝体重的百分率（%）	3	4	5	6	8	10	6	3
干饲料日投饲量占黄鳝体重的百分率（%）	1	1.5	2	3	4	5	3	1

看天气：晴天多投，阴雨天少投，闷热无风或阵雨前停投。雾天、气压低时，要等雾散后再投。当水温高于28℃、或低于15℃时要减少投饲量。

看水质：水肥时可以正常投饲，水瘦时适当增加投饲量，水质过肥投饲量也适当减少。

看食欲：鳝鱼活跃、抢食快、食欲旺，短时间内能吃光饲料的，应增加投饲量。反之，应减少。一般以黄鳝能在2h内全部吃光为度。

（10）日常管理

1）日常管理的项目。日常管理项目主要包括以下内容。

① 水质管理：当载体自身净化能力不能有效抑制养殖水体的恶化时，要通过人为措施稳定养殖水体的正常状态。

② 排污：切断和消除载体的污染源。

③ 巡池：定期巡视和检查。

④ 高温管理：采取有效的降温措施，使载体温度稳定在适宜的范围内，但要避免水温急剧下降，保证黄鳝的正常摄食和快速生长。

⑤ 越冬管理：采取有效的保温措施，使黄鳝安全越冬。

2）日常管理的操作

① 水质管理：水质管理主要通过微流水和彻底换水两种方式的结合来实现。

微流水的流量应控制在0.01～0.1m^3/h，早春及晚秋保持下限，高温季节取上限。当水源方便或建有蓄水池时，可持续进行。在水源不便或无蓄水池时，可在投喂前后4h集中进行，流量可适当增加到 0.4m^3/h。

彻底换水的操作对黄鳝养殖是极为重要的环节。一般每 3～5 天彻底换水 1 次。高温季节取下限，其他季节取上限。如果没有微流水配套设施，应 2～3 天彻底换水 1 次。彻底换水的时间宜在上午进行。

② 排污：排污作为水质管理的必要环节，可以彻底减少水质恶化的污染源，同时也降低了载体的有机负荷。

在彻底换水的操作中，当水彻底排干后，用扫帚将集中于中间空置区的排泄物、食物残渣等扫至水口排掉，同时将繁殖过密的水葫芦清除一部分。清除水葫芦时应注意根系中常有黄鳝潜伏。由于水葫芦下的污物难以排除，加之水葫芦覆盖，常导致这一区域的水质败坏，因此，在每次排水结束后，应施入一定量的消毒药物。

③ 巡池：巡池的内容有 4 个方面。一是防止老鼠及蛇类侵入；二是及时清理死亡和体质衰竭的鳝苗；三是保持进、排水系统的畅通；四是在雨季尤其是暴雨季节严防溢池事故发生。

④ 高温管理：高温管理主要抓好两项。一是加强水质管理及排污的力度；二是提高水葫芦的覆盖密度，以降低载体的温度，确保载体水温不超过32℃，必要时加强换水以降低水温。

⑤ 越冬管理：越冬管理着重抓好两件事。一是逐渐降低水质管理及排污的频度，停食后，可停止排污；二是在冬季来临之前，维持水葫芦的覆盖密度，必要时增加一些草类覆盖，以达到保温的目的。

❹ 稻田养殖

稻田养殖的黄鳝可摄食水生昆虫及水稻害虫的幼虫，既有利于水稻生长，提高水稻产量，又可收获一定数量的黄鳝，提高了稻田的产出率和综合经济效益。入冬后除留幼鳝越冬到次年春季继续饲养外，一般每亩产成鳝 100kg 以上，鳝鱼每亩纯收入在 1 500 元以上。

(1) 田块选择　田块应选择在水源充足，水质良好、无污染，排灌自如，安全可靠，旱涝保收，且具有通风、透光、土壤保水性能好的弱酸性土质的田块。

（2）工程建设　一是田埂加高、加宽、加固，使田埂高出田面50cm，埂宽40cm以上，加高时田埂要夯实，不漏水，并在田块进、排水口处用密眼铁丝网罩好。二是平整田块，四周开挖宽、深各40～50cm的排水沟，田内开数条纵横沟，宽、深各30～40cm，沟沟相通，形成“井”字形，沟系面积占稻田面积的8%～10%。三是翻耕、曝晒、粉碎泥土后，每亩施腐熟发酵的猪牛粪800～1 200kg作基肥，均匀撒于田块中，3月底4月初，在进、排水沟施50～100kg鸡粪，注水深0.3m，繁殖大型浮游动物供黄鳝摄食。

（3）水稻栽培　选择高产、优质、耐肥、抗倒伏的杂交一季稻种，株行距为20cm×26cm，保证水稻的基本苗，同时充分发挥水稻的边际优势。

（4）鳝种准备与土池养殖中的相同。

（5）鳝苗放养　选择的鳝苗应无伤无病，游动活泼，规格整齐，体色为黄色或棕红色。一般每亩放养规格为30～50g/尾的鳝苗800～1 000尾，并套养5%的泥鳅于田间。泥鳅上下窜动可增加水中溶氧，并可防止黄鳝相互缠绕。苗种放养时温差不能过大，切勿用冷水冲洗鳝苗，而使鳝苗患“感冒病”。

（6）饲养管理　保持水质清新、肥活和溶氧丰富。动物性饲料一次不宜投喂太多，以免败坏水质。夏季要检查食场，捞掉剩饵，剔除病鳝。高温季节加深水位至15cm左右，利于黄鳝生长。暴雨时及时排水，以防田水外溢、鳝鱼逃跑。黄鳝是以肉食性为主的杂食性鱼类，特别喜食鲜活饵料，如小鱼、蚯蚓、蛆等，采取5～7天投喂1次，投喂量为体重的30%～50%，把活小鱼、蚯蚓、蛆等投入进、排水沟，让黄鳝自由采食，并搭配一些蔬菜、麦麸等。生长期间也可投喂一些蛋白质较高的配合饲料，分多点投喂，确保黄鳝均匀摄食。根据黄鳝昼伏夜出的生活习性，初养阶段，可在傍晚投喂，以后逐渐提早投喂时间，经过1～2周的驯养，即可形成每日上午9：00、晚上6：00共2次投喂，每次投喂要根据天气、水温及残饵多少灵活掌握，一般为黄鳝总体重的5%左右。坚持“四定”、“四看”投喂，形成黄鳝集群摄食的生活习性。

（7）稻田施肥　稻田合理施肥，不但可以满足水稻生长的营养需要，促进水稻增产，而且能够繁殖浮游生物，为黄鳝、泥鳅提供丰富的饵料，所以施肥对水稻和黄鳝、泥鳅生长都有利。但是，施肥过量或方法不当，会对黄鳝、泥鳅产生有害作用。因此，必须坚持以基肥为主，追肥为辅；以有机肥为主，化肥为辅的原则。

稻田养殖黄鳝、泥鳅后，由于鱼类的增肥作用，土壤的有效磷、有效硅酸盐、有效钙、有效镁、有机质含量均高于未养鳝、鳅田。稻田中施用的磷肥常以钙镁磷肥和过磷酸钙为主，钙镁磷肥施用前应先和有机肥料堆沤发酵后使用，在堆沤过程中，微生物和有机酸可以促进钙镁磷肥溶解，提高肥效。堆沤时将钙镁磷肥拌在10倍以上的有机肥料中，沤制1个月以上。过磷酸钙与有机肥料混合施用或厩肥、人粪尿一起堆沤，不但可以提高磷肥的肥效，而且过磷酸钙容易与粪尿中的氨化合，减少氮素挥发，对保肥有利。因此，采用氮肥结合磷钾肥作基肥深施可提高利用率，也可减少对鱼类的危害。

有机肥料均需腐熟才能使用，作基肥时应重施，部分可直接为黄鳝、泥鳅提供食料，并促使浮游生物大量繁殖，成为黄鳝、泥鳅的饵料。

基肥占全年施肥总量的70%～80%，追肥占20%～30%。注意施足基肥，适当多施磷钾肥，并应严格控制用量。对鱼有影响的主要是化肥，如果按常规用量施用，鱼类一般没有危险。但施放量过大，水中的化肥浓度过高，就会使水质恶化，影响鱼类生长，甚至引起鱼类死亡。几种常用化肥的安全用量每亩为：硫酸铵10～15kg；尿素5～10kg；硝酸钾3～7kg；过磷酸钙5～10kg。如果以碳酸铵代硝酸铵作追肥，必须拌土制成球肥深施，每亩用量为15～20kg。碳酸铵作基肥，每亩可施25kg。施后5天再放养鱼苗。施用长效尿素作基肥，每亩用量为95kg，施后3～4天即可放鱼，对鱼无毒害。若用蚕粪作追肥，应经发酵后再使用，因为新鲜蚕粪含尿酸盐，会毒害鱼类。施用人畜粪作追肥，也要注意用量，每亩每次以500kg以内为好，基肥以800～1 000kg为宜。注意过磷酸钙不能和生石灰混合同时施用，以免起化学反应，降低肥效。

酸性土壤的养鱼田，常施用生石灰，中和土壤酸性，提高过磷酸钙肥效，有利于提高水稻结实率。稻田施用适量生石灰能调节水温水质，减少病虫害，加速鱼类生长，但过量会对鱼产生毒害作用。稻田水深6cm，每亩每次以不超过10kg为宜，若需多次施用，则要“量少次多，分片撒施”。

（8）稻田施药　为了确保黄鳝、泥鳅安全，在养鱼稻田施用各种农药防治虫害时，均应事先加深田水，稻田水层应保持在6cm以上，若水层低于2cm时，会对黄鳝、泥鳅的安全带来威胁。病虫害发生季节往往气温较高，一般农药随着气温的升高而加速挥发，也加大了毒性。施药时也应掌握在适宜的时间。喷施药液（粉）时，注意尽量喷洒在水稻茎叶上，减少农药落入水中，这样对鱼种更为安全。粉剂宜在早晨稻株带露水时撒，水剂宜在晴天露水干后喷，下雨前不要施药。喷雾时，喷雾器喷嘴伸到叶下，由下向上喷。不提倡拌土撒施的方法。使用毒性较大的农药，可采取一面喷药，一面换水的方法。为了防止施药期间沟凼内鱼类密度过大，造成水质恶化缺氧，应每隔3~5天向沟凼内冲一次新水。等沟凼内药力消失后，再向稻田里灌注新水。也可采取分片用药的方法，即一块田分成两天施药，第一天半块田，第二天另外半块田，这样也可减少对鱼类的药害。

（9）水质调节　黄鳝与水稻在一个环境共同生活，水质调节应根据水稻的生产需要，并兼顾黄鳝的生活习性。初期，灌注新水，以扶苗活棵。分蘖后期水层加深，控制无效分蘖，也利于黄鳝生长。生长期间，5~7天换注新水，每次换水量为20%，并加高水位至10cm，及时调节水质，保持水质良好。特别在闷热的夏天，应注意黄鳝的生活变化，若黄鳝身体竖直，头伸出水面，俗称“打桩”，表示水体缺氧，需加注新水增氧。

（10）鳝病防治　入田前，鳝苗用3%~5%的食盐溶液浸浴5~10min，杀灭体表病菌及寄生虫。生长期间，每15天向田沟中泼洒石灰水，每立方米水体用10~15g生石灰，化水泼洒。养殖过程中常发生的疾病有以下几种。

1）水霉病。鳝苗入田前用3%~5%的食盐溶液浸浴5~10min即可。

2）打印病。7月中旬易患打印病，采用5mg/L的漂白粉溶液全沟泼洒每天1次，连续3天，后每15天泼洒1次，效果良好。

3）肠炎病。夏季易发生，采用内服和外用药物相结合的方法治疗，外用药物常用1～2mg/L的漂白粉或二溴海因等全沟遍洒。内服药物，每50kg饵料用土霉素1g拌饵投喂，连喂3天。

4）毛细线虫病。是一种肠道寄生虫病，寄生在肠道后半部，防治时除了在本书第六章驯饲时采用的方法外，还可用每100kg鳝鱼将90%的敌百虫晶体10g拌入蚌肉投喂，连用5～7天，即可恢复正常。

（11）稻田越冬

1）秋末冬初水温降到10℃左右时，黄鳝停止吃食，钻入泥内冬眠。留种的、未能上市的、当年繁殖的鳝种、鳝苗要做好越冬工作。越冬方法有以下两种。

① 干水越冬：把田水放干，保持土壤湿润，再铺盖一层稻草、草包等保暖防冻。

② 带水越冬：把田水加深到20～30cm，以防结冰；黄鳝要潜入底土洞穴深处越冬，若气温较高，白天还可出洞呼吸与捕食。

2）泥鳅的越冬：在冬季温度低于15℃的地方要做好鳅种和亲鳅的越冬工作。水温降到15℃时，要在泥鳅越冬池内施放一些农家肥，以增厚池泥为泥鳅越冬提供“温床”。保持水质清新，池内泥鳅密度可适当增加，保持水温在2℃以上。如果天气过冷要注意防寒，可在池上加盖草帘或塑料薄膜保温。稻田内的泥鳅越冬，要使泥鳅集中于鱼沟及鱼凼中。在水温降到15℃以前，在鱼沟、鱼凼中投放稻草，稻草厚20cm左右，以便泥鳅钻入草底有利于越冬。

（12）注意事项

1）黄鳝养殖成败的关键之一是田埂加固和防止渗漏。有条件的农户，可用砖砌墙，水泥抹面，以防黄鳝打洞、田埂渗漏而使黄鳝外逃。

2）在稻田里使用农药要有选择性，最好选择对黄鳝基本无影响或影响不大的农药。因黄鳝轻度中毒后，体表无明显症状，1～2天内也不会死亡，所以，水稻田施用的农药要尽量避免黄鳝中毒。

3）营造良好的生态环境，减少黄鳝的应激反应，把好苗种和疾病防治关，提高黄鳝的成活率。

5 黄鳝养殖技术的改进

（1）使用竹制鳝巢养殖　在养鳝实践中发现，黄鳝喜欢藏于竹子的中空之间，据此，吴日杰专门以竹做巢，进行了使用竹制鳝巢养鳝试验，取得了较好的效果。其主要做法如下。

1）鳝巢制作：用旧楠竹将其用锯子锯成2m左右一段。然后将每段两头节隔打穿，中间是长节的在其一端锯1洞口；是短节的两节锯1洞口。要正好锯在竹节上，使其两节各有1个洞口，整段竹子的洞口要锯在同一条线上。洞口大小视其竹子粗细、鳝体大小而定，以黄鳝能自由进出其间为宜。

2）竹巢的设置：使竹巢的竹竿顺水流方向，每两段竹子相靠而置，洞口方向向相反的两边或都朝上，在池周各留25cm宽的人行道。全池共设5排，每排间距20cm左右。每排竹巢两端下各垫一根长1.55m的竹竿。竹竿两端用1～2块砖平搁，使竹巢下面形成较大空间，便于流水排污。为了固定竹巢位置，每排竹巢两端相邻的竹竿上用砖压住，压砖多少以竹竿不漂浮滚动为准，压砖最好压在竹巢洞口上方，以起到遮光荫蔽作用。

3）鳝池的建造：鳝池用红砖水泥浆砌成，池面积为12.5m×2m的长方形。池底自南向北略倾斜，以便排污。池壁高70cm、厚25cm，上有用砖砌成的防逃盖檐，向池内伸出10cm，内壁用水泥砂浆粉面。池底用混凝土浇筑，其厚度为3cm。要求池壁面、底面尽量光滑。

4）使用竹制鳝巢养鳝的优点

① 黄鳝体能消耗少，相对生长快：鳝苗一经放入养殖池，不分个体大小，很快自由进入竹洞之中，然后将头伸出洞外，自由呼吸水中溶氧或有时将头伸出水面。一有响动，很快将全身缩入洞中。鳝在竹洞中似乎感到十分安全。3天之后，鳝苗自由地进行了疏密调整，全池鳝苗分布均匀，各得其所。因为无需其自己挖洞，体能消耗少，弱鳝也不费劲地找到其合适的栖身之处。所以摄食很快转入正常，体质自然恢复也快，相对生长也快。而普通鳝池则不然，鳝

苗入池后首先是选位挖洞，反复选、反复挖，需消耗大量的体能。加之生物个体间的生存斗争，大者、强者抢占小者、弱者之洞，死亡率相对高。

② 便于水质管理，排污可彻底：竹子本身很干净，加上竹巢的竹竿顺水流方向，下面除搁竹巢的砖与池底接触外，其余部分都腾空而置。只要从池高端向低端方向放水，污物自然顺流而下。同时只要控制好进水阀，换水量可任意调节，排污自然可彻底。这就克服了普通鳝池放水水浑，排污时泥沙俱下以及水流形成的死角，排污无法彻底，还要经常修补泥埂等弊端。

③ 便于观察检查、防治鳝病：初放鳝苗，便于发现死鳝、弱鳝，可及时捞出，以减少污染源。在养殖过程中，若有鳝病发生，巡塘时一目了然，便于及时发现、及时诊断、及时治疗。用药后也便于观察鳝苗对药物的反应，便于采取应急措施。

④ 实行科学投饵，提高饵料利用率：能清楚观察摄食情况，容易做到以需定量，减少浪费，提高饵料利用率。普通鳝池则不然，投饵后鳝的吃食活动很快把水搅浑，看不清摄食情况，饵料往往被拖出食台混入泥中，造成浪费。残饵不易清除，还败坏了水质。

⑤ 起捕方便，减轻了体力劳动：起捕时适当降低池水，安装好囤箱，按需取巢，拿掉竹竿上的压砖，2 个人同时用双手，一手捂住竹竿上的洞口，一手拿起竹竿，在囤箱上面把捂住洞口的手放开，黄鳝立即从洞内钻出，落入囤箱中。少数窜入池中者最后集中捉取，大大节省了将泥土从池外搬进池中做泥埂巢，又从泥埂巢中挖泥捕鳝的繁重体力劳动。

（2）利用秸秆养鳝　养鳝池中利用秸秆有两个优点，一是为黄鳝提供较理想的栖息场所，并可避免黄鳝之间互相缠绕，使底质疏松保温、透气。二是为黄鳝的各种饵料生物提供自然繁殖的良好场所，解决黄鳝饲养中的部分饲料。试养结果表明，秸秆养鳝成本低、饲养技术简单、效益较好。具体方法如下。

选择用砖头、水泥砌成的水深 1m、面积 $20m^2$ 左右的养鳝池（秸秆对养鳝池底质为土质的更有利），在池底铺上一层厚 15cm 的肥泥，在肥泥上铺一层 10cm 的禾秆或麦秆等。大、小秸秆搭配，粗大秆 50%；中型秆 30%；碎料 20%，例如，玉米、高粱秆 50%；油菜秆 30%；酿酒后的废谷壳 20%。上覆几排筒瓦等材料，作为黄鳝栖息的鳝窝，然后注入 40cm 深的水。1 周后，水中生出许多小虫，可放养黄鳝，每平方米放养规格为 10 尾/kg 的黄鳝 5kg 左右。以后的饲养管理参照常规黄鳝养殖。鳝种放养 6 个月后，即可捕捞上市。应注意如下几点。

1）对垫层材料要进行较彻底的消毒和防止其堆积产生高温，必要时在池底及越冬的槽内撒上一层生石灰，以防止 pH 过低，生石灰用量以每 $10m^2$ 面积撒 0.5kg 为宜。

2）向越冬槽内插入打穿节膜的竹筒，竹筒周围打出气孔，竹筒粗约为 3~6cm，长约 80cm，下端削成斜口，约每相距 2~3m 1 根，要求用手能转动即可。

6 混养

黄鳝可与其他水生动物混养，例如，在养殖水域同时放养滤食性的鲢、鳙，杂食性的泥鳅等，不仅可以改良水体，充分利用饵料，而且可以提高单位水体经济效益。各地可根据当地条件和具体情况，按照养殖环境、水生生物之间共生互利的关系创造出各种可行的混养方法。

（1）鳝鱼，藕兼作　选择地势平坦、进排水方便、保水性能好、塘埂无渗漏的藕塘进行黄鳝养殖。每亩放养规格为 30 尾/kg 的鳝种 200~250kg。同时放养 0.5g/尾左右的泥鳅 0.6 万~1.0 万尾及规格 10~15 尾/kg 的鲢、鳙鱼夏花 300~500 尾。为防止塘水外溢、苗种逃逸，要建造高于地面 70cm 以上的塘埂。

（2）鳝、鳖混养　鳖是一种经济价值较高的水产动物。经试验，在鳝池中混养鳖，能取得较高的经济效益。鳝鳖混养池的结构以采取鳝池中起埂的形式为好，池水可加深至 20~30cm。鳖放养的规格以 250g/只以下为宜，每平方米放养 1~2 只，在放鳝种后 15 天放鳖。黄鳝反应灵活，鳖一般是捕食不到黄鳝的。而且鳖能摄食腐败的动物尸体，可将黄鳝吃剩的食物清除掉。鳖用肺呼吸，不与黄鳝争夺水中的溶氧。黄鳝与鳖的饵料基本相仿，只要在投饵时适当增加投饵量即可。经 6 个月饲养，鳖的体重可增重 2~3 倍，每平方米可产鳖1kg，产鳝3～5kg。

（3）养虾池塘网箱养殖　在青虾主养池塘进行网箱养鳝，在不影响青虾生长的基础上，每只网箱可产黄鳝100kg以上，大大提高了养殖水体的单位面积收益。其具体做法如下。

1）池塘环境。池塘为普通养鱼池，向阳、避风、进排水方便，水位稳定，池水深1.5m左右、面积10亩，水透明度为25～35cm，溶氧量为4mg/L，在鳝、虾种放养前1星期将塘干池，留底水4cm，作一次彻底清塘消毒。池中可种植一些水生植物，如小米草等。

2）网箱的制作与安置。在池塘的进水口处放置面积为15～20m^{2}的敞口箱1只，材料选用聚乙烯（PE）无结节网片，网目为36目，在网箱口上方一周伸出6cm宽的檐，网箱水面4/5的面积种植水花生，起到遮阴纳凉，净化水质，也给鳝提供一个良好的栖息环境。网箱高出水面50cm，用竹竿固定在离池埂2m左右的地中，结活络结，做到水涨网箱能升，水降网箱能下，中间投放一些水生植物，如水葫芦、水花生等。网箱在鳝种放养前一周先入池，让网箱附着一些藻类，以避免鳝体与网片摩擦受伤造成损失。

3）苗种放养。将鳝种在6月底至小暑前一次性放养，购买渔民用鳝笼捕捉到的野生鳝苗，选择标准为体色黄色，无病无伤，每箱放养规格为每尾重500～100g的黄鳝苗40kg左右。

在4～5月份进行虾苗繁育，利用一部分小鱼池繁殖虾苗，可以从成虾池中选择体长5cm以上的抱卵虾入池繁殖，待小虾出苗后用地笼将亲虾捕出上市销售，一般5亩池塘可培育300万～500万尾虾苗。

虾苗的放养管理时间为7月上旬，在清理好的成虾池中放养规格为1.5～2cm/尾的虾苗，每亩放养4万尾，同时每亩放养白鲢50尾。前期约半个月左右以培育水质为主，施用经发酵的鸡粪、猪粪150kg/亩，进行培育水丝蚓，投喂少量饲料；后期投喂以青虾料为主。不得超量投喂，以免造成饵料过剩，影响水质。此外，青虾池要定期加注新水，防止出现青虾浮头泛塘现象。

4）投喂

黄鳝：刚放种的4天内基本上不投喂以进行驯饲，待黄鳝行动正常后，在晚上开始引食，引食饲料为动物性饵料，以蚯蚓为主，附加其他小鱼等，直到正常摄食，投饵时间在上午7：00～8：00投饵量占日投量的1/3，下午5：00为2/3，开始按鳝鱼总体重的3%投饵，以后逐渐增至6%，一般以2h吃完为宜。随天气、水温变化灵活掌握，适度投喂从市场上购的小杂鱼等，在投喂前，小杂鱼用3%～5%的食盐溶液浸浴10min左右。

青虾：投喂专用颗粒饲料及米糠、麸皮、豆饼、小杂鱼、螺蛳等。前期，将40%的动物性饵料和60%的植物性饲料混合磨成糜状投喂，中后期（3cm左右），以颗粒性植物饲料为主，加入20%～30%的动物性饲料并添加少量骨粉以及微量元素，日投喂量控制在池虾重量的4%～6%，日投喂2次，上午6：00～7：00，占日总投喂量的1/3，下午4：00～5：00为2/3，投塘四周，一般以2h吃完为宜，灵活投喂，初夏和晚秋可适当少投，在自制饵料中添加适量的脱壳素，每隔20天左右，用复合肥2.5kg/亩，全池泼洒1次，培育浮游生物饵料。

5）防病。每半月用生石灰兑水全池泼洒1次（10mg/L），调节水质，自制饲料中每公斤饲料拌6g土霉素以防疾病。

黄鳝养殖在放养前用3%～5%的食盐溶液浸浴10min，杀灭体表寄生虫，除塘内正常泼洒药物外，每半月按$2g/m^2$向箱内泼洒1次漂白粉，经常用大蒜与饲料混合投喂，做好预防工作，发现病鳝及时治疗。

6）日常管理。网箱体常吸附着大量的污泥、水绵、青苔等，影响水体交换，保持箱中水质清新，因此，每星期清洗1次网箱。经常检查网箱，防止被老鼠咬破，发现网箱有破洞及时修补。定期检查箱底，发现有死鳝及时捞除。

为防止缺氧，每1～2天加换水1次，池塘进排水口要严格过滤，用密眼网布做好拦网设施，既防虾苗外逃，又防野杂鱼等敌害进入，每天巡塘做好记录。

7）捕捞。青虾在9月开始适当进行捕大留小，采用地笼捕捉方法，小规格养至年底或翌年上市出售。黄鳝在11月底，当水温降至10℃以下时向网箱中投入大量水草，以便黄鳝越冬，在春节前后市场价格升高时，将黄鳝捕出上市。

（4）稻田中鱼、蟹、鳝混养

1）营造稻田小生态种养工程。实施田、凼、沟相结合和宽沟式稻渔工程技术。按照增收、节水的要求，进行农田改造，开好围沟、田间沟和蓄养池，开挖面积占农田总面积的20%，围沟深0.8m、上口宽2m、下口宽0.8m，田间沟宽0.8m、深0.5m。抛栽秧苗前施足基肥，每亩施有机肥2 000kg，复合肥、碳酸铵各25～30kg，以确保水稻生长。稻田周围采用水泥预制板建好防逃设施，预制板入土0.25m，高出地面0.7m。

2）合理确定养殖品种

① 选用生长期长、抗倒伏、抗病力强的优质高产水稻品种。

② 以鱼、蟹、鳝为养殖对象进行综合养殖。秧苗抛栽一周后放养水产苗种。秧苗活棵前，苗种先暂养于蓄养池内。具体每亩苗种放养量为：5g以上的长江水系中华绒螯蟹200只，40尾/kg的黄鳝苗种50kg，体长13cm以上的冬片鱼种200尾，其中异育银鲫占60%，草鱼占20%，花白鲢占20%。鱼种、鳝种下塘前用3%～5%的食盐溶液浸浴3～5min，泥鳅、黄鳝用20mg/L的高锰酸钾溶液浸浴15～20min。

3）稻田种养日常管理

① 追肥：根据水稻长势确定追肥的品种、使用量和次数。一般以有机肥为主，每次施腐熟的粪肥10～15担，尿素8～10kg。

② 投饵：充分利用天然饵料，适当补充投喂商品饲料，投喂的品种有：小麦、菜籽饼、小鱼、小虾、蝇蛆等，日投饵量为5%～10%，投喂以傍晚为主。

③ 管水：前期保持田面水深在5cm以上，确保秧苗活棵；适时搁田，将水位降至田面以下，加速水稻根系发育，促进水稻增产，搁田结束后及时灌水；高温季节水位保持在10cm以上，一般2～3天注新水1次；暴雨天气，适当降低水位；晴好天气，增加灌水次数。

④ 用药：选用高效低毒农药，如井冈霉素等，禁用菊酯类药物，用药量按防治水稻病虫害的常规用量；定期用生石灰消毒沟、池；

第一章
第二章
第三章
第四章
第五章
第六章
第七章

定期使用诺氟沙星或中药制剂等拌饵投喂，做好病害预防工作。

⑤ 防逃：每天检查防逃设施是否完好，遇大雨做好鱼、鳝、蟹的防逃工作。

（5）滩荡中鱼、鳝规模化混养

1）水体基本情况。以面积100亩为例，平均水深1.2m，浅水区占1/3，池埂坚实不渗漏。

2）苗种放养情况。放养的模式为鳝、鳅加滤食性鱼类，以白鲢为主。

3）鳝种放养。5~7月放养鳝种，规格为40~50尾/kg，放养量为100~200kg，每亩放养1~2kg。

4）鱼种放养

① 鲢鱼：3月放养鲢鱼1 000kg，规格15尾/kg，每亩放养10kg。

② 银鲫火片：6月放养35万~40万尾。

③ 泥鳅：5~7月放养150~200kg。

5）收获情况。8~11月，约收获黄鳝1 250kg，每亩产量为12.5kg；约收获泥鳅1 450kg，每亩平均产14.5kg。12月，约收获白鲢12 500kg，每亩产量为125kg；约收获银鲫14 000kg，每亩平均产140kg。

6）技术措施。严把鳝种质量关，选择的鳝种要求体质健壮，无病无伤，规格整齐。鳝种放养前用3%~4%的食盐溶液浸浴5min。注意鳝种被捕起后要立即投放，尽量减少鳝种的暂养时间，此外，黄斑鳝种占较大比例。

① 控制好水质

滩荡水体面积大，水质的相对稳定性好，一旦发生恶化，很难急救，工作量和成本均很大。因此养殖期间，饵料均用颗粒饲料，根据存塘鱼体重每10天调整1次投饵量，做到饵料不剩余。高温季节勤加换水，7~8月每2天换水1次，每次换水1/4~1/3。

② 重视水生植物的种植

黄鳝喜阴，其繁殖也需水生植物，在浅水区移植水花生，深水区栽种荷藕，水生植物覆盖面积占总面积的15%左右。

③ 加强防逃

混养黄鳝，放养的密度较低，无须专门投喂，但防逃措施相当重要。一是进排水口防逃，在进排水口均用细铁丝网作防逃栅；二是堤埂防逃，危险的堤埂用聚乙烯网片深埋土中，防止黄鳝打洞穿过堤埂逃逸。

7）注意事项

① 大面积水体中鱼鳝混养，一般每亩鱼产量在250～300kg，鳝鱼产量在10～15kg之间。产量过高，水质不易控制，易造成泛塘死亡。黄鳝放养量过大，易相互残杀，且造成上市规格不大。

② 黄鳝喜生活在土中，不易捕捞干净，第二年上市，规格也增大，价格更高。加之当年繁殖的幼鳝，规格小，上市价格低，需留塘次年上市。故大面积水体的鱼鳝混养，养殖期要2年以上，经济效益更佳。

③ 在大面积水体中混养黄鳝，一定要配套放养泥鳅。泥鳅繁殖快，小泥鳅又是黄鳝的活饵料，既可消除残饵，改善水质，又可增加经济收入。

第三章 黄鳝的捕捉、运输、围养和越冬

一 黄鳝的捕捉

捕捉野生黄鳝严禁破坏资源性的酷捕，要做到有计划的捕捉；进行不同盛产区域轮捕；在自然繁殖期的盛期禁捕；在宜鳝区开展人工放养增殖等。

1 钓捕

寻找黄鳝穴居洞口，把装好蚯蚓的特制钓钩放到洞口内，慢慢地上下移动，黄鳝就会吃食上钩。这时，再将钓钩和黄鳝一起取出洞口即可捕捉到黄鳝。钓具有两种：一为软钩，二为硬钩。软钩可用市售的钓鱼钩，钩柄缚结尼龙线，线的另一端缚在小竹竿上，竿径2cm，长1m左右。硬钩可用普通钢丝，如雨伞骨或自行车钢丝，一端磨尖，在火上烧红后用老虎钳弯成钩状，另一端缚结于小竹竿上，全长约40～50cm。软钩适合钓水田洞穴中的黄鳝，硬钩常用于钓岸边、沟渠边及塘埂中个体较大的黄鳝。钓捕时间为4～10月。该法所捕黄鳝不适于长期暂养。

2 笼捕

捕黄鳝的笼有稻田笼子（又称小笼子，见图3-1）和荡田笼子（又称大笼子）两种。

1）稻田笼子。结构分前笼身、后笼身、笼帽、倒须和帽签五部分。前笼身长65cm，直径7cm；后笼身长8cm，直径7cm。倒须、笼帽配套。帽签是启闭笼帽的专用竹篾。捕捉季节在谷雨至秋后，历

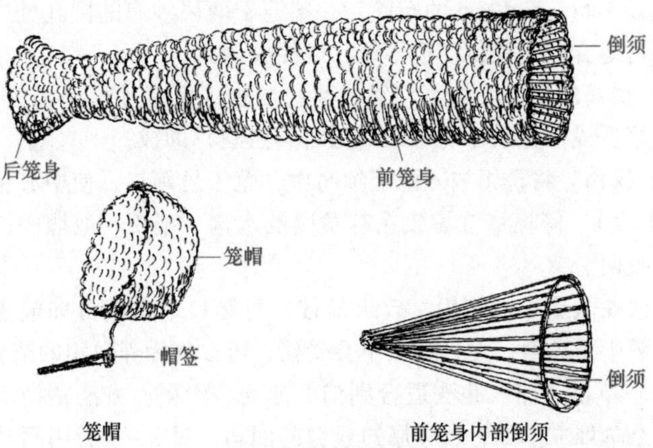

图 3-1 稻田笼子

时 130 天。把诱笼放于稻田埂的水中，用力压入泥中 3~5cm，每平方米水面放 1~2 只笼子，至第二天清晨取出即可。

2）荡田笼子。结构基本上与稻田笼子相似，只是体积较大。前笼身长 80cm，后笼身长 100cm，直径 12cm。捕捉季节在立夏至秋后，历时 100 天左右。此笼专捕个体较大的黄鳝，有利于资源的保护，但仅能在荡田中作业，水稻田中不能使用。

❸ 抄网捕

用抄网捕鳝的主要工具为三角抄网和小划船，适用于在外荡、池沼的浅水区捕捞。常见的黄鳝抄网网身长 2.5m，上口宽 0.8m，下口宽 2m，中央呈浅囊状（图 2-3）。网身的线材为尼龙线。

抄捕是利用黄鳝在草堆下潜居的习性，捕捞的季节是 5~9 月，选择浮在河面上的水花生层或用蒿草自制草窝，置于浅水区。作业时，一人将小船慢慢划至草层或草窝边，另一人手持抄网，伸入草下，由下而上慢慢提起，连草带鳝一起抄入网内。

❹ 诱捕

（1）竹篓诱捕

1）诱捕器具。用一只口径 20cm 左右的竹篓，取两块纱布用绳缚于竹篓口，在纱布中心开一直径为 4cm 的圆洞。再取一块白布做成一直径 4cm、长 10cm 的布筒，一端缝于两块纱布的圆孔处，纱布周围亦可缝合，但须留一边不缝，以便放诱饵。

2）诱饵的制备。将菜籽饼或菜籽炒香（菜籽须研碎），拌入在铁片上焙香或预先杀死的蚯蚓（焙时滴白酒）即成。

3）操作。将诱饵放入两层纱布中，蒙于竹篓口，使中心稍下垂（不必绷直）。傍晚将竹篓放在有黄鳝的水沟、稻田、池堰中，第二天早上收回。

此法在微流水中使用，效果最佳。竹篓口顺水流方向放置，一次可捕数十条黄鳝，而且黄鳝不会受伤，可以作为养殖用的苗种。

（2）草堆诱捕　此法适合湖泊、池塘、沟渠。方法是把水花生或野生杂草堆成小堆，放在岸边或塘的四角，过 3 ~ 4 天用网片将草堆围在网内，把两端拉紧，使黄鳝逃不出去，将网中的草捞出，黄鳝便落在网中。草捞出后仍堆放成小堆，以便继续诱捕。这种方法在雨刚过后效果更佳，捕捉的黄鳝用清水冲洗即可储运。

（3）草垫诱捕　该法适用于秋冬季养鳝池中黄鳝捕捞。其操作方法如下。

1）将较厚的新草（最好是当年收割的稻草）或草包以 5% 的生石灰水浸泡一昼夜消毒，然后用新鲜的清水冲洗干净，晾置 2 天备用。

2）将草垫一一铺入鳝池底泥表层，撒上厚约 5cm 的消毒稻草或麦秸，再铺上第二层草垫，然后再在第二层草垫上撒上 10cm 厚的干稻草。

3）当水温降至 13℃ 以下时，逐步放浅池水至 6 ~ 10cm，降至 10℃ 以下时，彻底放干池水，此时由于稻草层的温度高于泥层，将泥埂裸露在冷空气中，可有效地将黄鳝引入草层下或两层草垫之间。

4）收取黄鳝时，不要一次性揭去稻草，收取多少即揭去多少。先将一塑料薄膜铺于旁边，再揭去干草。揭草时，若湿草中藏鳝较多，可将湿草连同草垫一起移至塑料薄膜上进行清理，同时将泥面的黄鳝用小抄网捞起。

此法可长时间保证黄鳝居于泥草之间和草垫之间而不会逃掉，严冬时节，还需根据冰冻情况进一步加盖草垫以保湿保温。

(4) 灯光诱捕

灯光诱捕的工具较简单，主要是鳝夹和光源。鳝夹可用两片长1m、宽4cm的毛竹片做成。毛竹片一端做成锯齿状，在30cm处的竹片中心打一孔。用铅丝做成活结。光源一般使用三节电筒。或用一棉球拴在一小铁丝上，另一端缚结在一小竹竿上。在使用时把棉球浸上煤油，用火柴点燃即可。

灯光诱捕主要是利用黄鳝晚间出洞觅食的习性进行捕捉，在苏、浙、皖等省农村较为盛行。这种方法一般在水稻田插秧不久的5~6月间进行。在晚上捕捉时，用照明工具沿田埂边寻找，出洞黄鳝见到灯光，一般不动，卧在水底，此时可用竹夹夹住鳝体中部，然后放在盛鳝容器内。捕捞数量视稻田黄鳝资源量而异，一般每晚可捕捉3~5kg。

5 迫使集聚收捕（迫聚法）

迫聚法是利用药物的刺激，强迫黄鳝逃窜到无药性的小范围内集中收捕的方法。

1）茶籽饼（茶枯）。茶籽饼为油茶籽榨油后的渣饼。茶籽饼含茶皂素，对水生动物有毒性，量多可致死，量少可迫使其逃窜。每亩水田用5kg左右。茶籽饼应先用急火烤热、粉碎，颗粒不大于1cm，装入桶中，用5L沸水浸泡1h备用。

2）巴豆。药性比茶籽饼强。先将巴豆粉碎，调成糊状备用。每亩水田用250g，同时加水15L，用喷雾器喷洒。

3）辣椒。选最辣的的七星椒，用开水泡1次，过滤。再用开水泡1次过滤，取2次滤水，用喷雾器喷洒。每亩水田用滤液5kg。滤过的辣椒仍可食用。

迫聚法可分为流水和静水两种。流水迫聚法用于可排灌的稻田。在田的进水口处，做两条泥埂，长50cm，成为一条短渠，使水源必须通过短渠才能流入田中，在进水口对侧的田埂上，开2~3处出水口。将迫聚物质撒播或喷洒在田中，用耙（宽1m，用10cm长圆钉制成）在田里拖一遍，逼迫黄鳝出逃。若田中有作物不能耙时，黄鳝出来的时间要长一些。

当观察到大部分黄鳝逃出来时，即打开进水口，使水在整个田中流动。此时黄鳝就逆水游入短渠中，即可捕捉。分选出小的放生，且放生足够亲鳝，以保持该区域的增值率，大的放在清水中暂养。

静水迫聚法用于不宜排灌的田。准备半圆形有框的网或有底的浅箩筐。将田中高出水面的泥滩耙平，在田的四周，每隔 10m 堆一处泥，并使其低于水面 5cm，在上面放半圆形有框的网或有底的箩筐。在网或箩筐上再堆泥，高出水面 15cm 即可。

将迫聚物质放于田中，药量应小于流水法，黄鳝感到不适，即向田边游去，一旦遇上小泥堆，即钻进去。当黄鳝全部入泥后，就可提起网或筐捉取。此法宜傍晚进行，第二天早晨取回。

① 重要提示

捕捉野生黄鳝，应达到捕捉利用和保护野生黄鳝资源相结合，保护好野生黄鳝的生活环境和种质资源，留足野生黄鳝繁殖群体，达到持续利用的目的。

二 黄鳝的安全运输

作为食用的商品鳝运输，其目标是黄鳝被运到目的地以后，在短时期内成活率达 90% 以上并能及时出售。为了节省运输成本，黄鳝的盛装密度比较高，一般可装 50kg 的容器带水运输要装鳝 20kg、装水 20kg，而采用湿润运输法运输则密度更高。由于高密度运输，水质极易恶化，黄鳝在应激状态下免疫力下降，黏液过度脱落，加上黄鳝相互撕咬导致受伤，疾病传染快。因此，采用这种黄鳝苗种进行养殖，成活率极低。

作为人工养殖的黄鳝苗种或准备长时间囤养的黄鳝的运输应根据黄鳝的生理特点来进行。

1 短途运输

短途运输指运输路程小于 5km 的运输，一般采用湿润法运输，比较省事，成本低。运输容器有木箱、木桶、麻袋、编织袋等。为了保持湿润，底部可铺垫一层湿草或湿蒲包或黏泥，甚至鸡蛋清，防止鳝体摩擦受伤。使用木箱、木桶、箩筐装运时，还要在四周和盖上打洞，以便通气。要避免阳光直射，夏季运输时还要注意降温，经常在桶盖、箱盖上放上冰块，盛放密度不宜超过 $40kg/m^2$。当然采用带水运输法效果更好，盛放密度可达 $50kg/m^2$，但成本较高。

❷ 中途运输

路程在 50～500km 之间，一般采用带水运输法运输。运输容器有木桶、帆布袋、水缸、泡沫箱、铁皮箱等。鳝与水重量比为 1∶1，盛放密度不宜超过 $40kg/m^2$。天气炎热时将冰块放在网盖上，使融化的冰水滴入水中逐渐降温。同时按黄鳝重量 10% 的比例放入泥鳅，促进黄鳝活动并使容器内氧气含量有所增加。泼洒庆大霉素 4 万单位/L 或金霉素 $10g/m^3$，并放入一些柔软的水草。

❸ 长途运输

长途运输路程大于 500km，运输时间要 1～2 天，距离远、时间长、风险大，要严格掌握好运输时间、温度和密度，其要领如下。

1）运输容器。运输容器有木桶、泡沫箱、铁皮箱等。一般用泡沫箱效果较好，成本低、重量小、能堆放、易于保温。泡沫箱规格以 50cm×40cm×25cm 较好，规格太大，搬运不方便，泡沫箱易坏；规格太小，占用空间太大，操作费事。当然，还可按运输工具（面包车、农用车等）的具体尺寸适当加以调整。泡沫箱内垫以塑料薄膜，以防渗水；盖上等距离打几排洞，以便透气。

2）排污。运输前一定要让黄鳝在水泥池、塑料养殖池中禁食 1～2天，使其腹部排空。

3）高密度锻炼。在 2～3 天内逐日增加盛放密度到 $10kg/m^2$，让黄鳝逐步适应高密度环境。期间不要喂食，并勤换水。

4）逐级降温。黄鳝运输温度在 10～15℃ 较好。如果温度较高，一定要逐级放入较前一次低 2～3℃ 的水中浸泡 10～30min 不等，随着浸泡次数的增加而缩短浸泡时间，直到水温降到 10～15℃。

5）控制密度。每箱放黄鳝的量不宜超过 10kg，要求黄鳝的长度小于 15cm，鳝与水的重量比为 1∶1，并按照温度和黄鳝规格采取不同的措施。一般大黄鳝密度可大些，小黄鳝密度应小些；温度高时密度应小些，温度低时密度可大些。

6）安置鱼巢和冰块。鱼巢用消毒过的塑料袋较好，可起到隔离黄鳝和在运输途中支撑黄鳝身体的作用。水草因呼吸作用消耗水中氧气，在长途运输中最好不用。冰块勿直接放置，先用饮料瓶装满水在冰箱内冻成冰以后再放入泡沫箱中，并稍旋松瓶盖让冰水缓慢滴出逐渐降温，每个泡沫箱可放 2 瓶。先洒入青霉素 4 万单位/L，然后将处理好的黄鳝放入容器中，盖上盖子，并用胶带包扎作好标签或记号。

7）运输时间。一般在早晨或晚上起运，最好在阴雨天运输。

8）换水和分池。运输途中看水质和气温情况可以换 1～2 次水。到达目的地后要及时消毒、分池、饲补复合维生素和增强免疫力的中药，如金银花、黄芪、茯苓等。

三 黄鳝的囤养

1 囤养黄鳝的选择

囤养黄鳝是为了获取季节差价和通过暂养增大规格，从而获取规格差价。由于囤养的黄鳝原来规格就较大，所以不易长期驯食饲养。囤养黄鳝时间短，需要在短时间内增大规格，所以用于囤养的黄鳝需要经挑选，以满足上述要求。从目前各地养殖的鳝种来源看，黄鳝至少有 3～5 个地方种群。这些不同的种群对环境的适应能力、生长速度、养殖效果都不一样。因而在选购囤养的黄鳝时要特别注意黄鳝的地方种群特征及其养殖效果。

1）深黄大斑鳝。该鳝身体细长，体圆，体形标准，体表颜色深黄，并伴有褐黑色大斑纹。生产实践表明，深黄大斑鳝适应性强，生产速度快，个体较大，鳝肉品质较佳，养殖效果较好。在养殖条件下，其增重倍数可达 5～6 倍，是我国目前发展黄鳝人工养殖的首选鳝种。

2）浅黄细斑鳝。该鳝体形也较为标准，体色浅黄色，身上的褐黑色斑纹较为细密，适应环境的能力较强，易于饲养，但其生长速度不如深黄大斑鳝。在养殖条件下，其增重倍数可达 3～4 倍。同时该鳝在自然条件下，其种群数量较多，来源方便，故该鳝也是人工养殖鳝种的重要来源。

3）青灰色鳝。该鳝体色呈青灰色，身上也有褐黑色细密斑纹，其适应环境的能力相对较弱，生长速度较慢，鳝体规格较小。在养殖条件下，该鳝的增重倍数只有1～2倍，养殖效果不如深黄大斑鳝、浅黄细斑鳝理想。从目前情况看，青灰色鳝不宜选作鳝种进行人工养殖。

此外，在黄鳝的自然种群中，还有浅白色鳝、浅黑色鳝。由于这两种鳝的种群数量较少，生长较慢，一般也不宜选作鳝种。

综上所述，进行黄鳝囤养时应选购深黄大斑鳝或浅黄细斑鳝，若混有其他体色的鳝种，应严加剔除。囤养黄鳝应分规格养殖。

选购的鳝种要求体质健壮，无病无伤，生命力较强。受伤、有病的个体，或经长途运输、生命力不强的个体，不宜选作鳝种。选购的鳝种要求同一批次，来源于同一产地，最好一次购足，同一来源的鳝种放入同水域进行人工养殖，以提高放养成活率，增加单位产量和经济效益，实现增产增收的目的。

❷ 黄鳝囤养方式

可根据囤养目的不同采用各种暂养方式，以下介绍土池、水泥池和稻田的囤养。

（1）水泥池、土池囤养

1）池塘条件。囤养黄鳝的池塘应满足以下条件。

① 池塘：面积以10～25m^2/个为宜，池深0.7～1m，池埂顶用砖、水泥砌成“T”形防逃檐。相同的池子不得少于3个，以备暂养不同规格的黄鳝。

② 水口：进水口设在食台上方约20cm；排水口约距池底70cm，与泥面齐平，并与进水口相对；溢水口设在高出排水口25～30cm处。各水口直径约5～6cm，用4目铁丝网或尼龙网罩住，既可让粪便排出，又能防止黄鳝逃逸。

③ 鳝巢：有土养殖池的泥土就是鳝巢。但为了满足黄鳝的群聚习性，提高养殖密度，可用瓦片、断砖、石块、竹管、聚氯乙烯管、水草、废旧自行车胎等材料作鳝巢（繁殖季节加丝瓜络）。一般在鳝池四角和土畦下设置鳝巢，将瓦片、断砖、石块堆放在一起，间隙比鳝体稍大一点，但不可太宽。

④ 食台：设置在进水口下方，固定好，每池2～3个。可用木

条、尼龙网订成方框或从市场购买低矮的塑料小盘做成边长为40~50cm、边高为3~5cm的浅盒，便于鳝鱼进出吃食。

⑤ 泥层：池底要有一定的倾斜度，便于不同规格的黄鳝钻洞栖息。池底从下往上分四层。第一层为秸秆层，将油菜秆、稻草或玉米秆放在3%~5%的生石灰水中浸泡8~10h后，用清水洗净，铺成5cm厚，中间适当放几块石头或砖头，以利于透气。第二层为富含有机质的黏土层，厚约20cm。黏土要软硬适中，既利于黄鳝钻洞，又不至于坍塌堵洞。土要翻晒消毒后使用。黏土层夹有一些砖块、石头、瓦片等，便于透气和钻洞。每平方米放柳树根、枝30根，防止黄鳝互相缠绕而影响生长，还可预防一些病虫害。第三层为肥水层，厚约5cm，可用发酵了的鸡、牛、猪粪，但这些容易败坏水质，实践证明用蘑菇渣效果较好。第四层为薄土层，厚1~2cm，用于压住第三层的蘑菇渣，不使渣子漂浮。至于苗种培育池，泥层厚10cm即可，第一层、第二层共约5cm，其余各层如同成鳝养殖池。

⑥ 土畦：泥层建好后，选用富含有机质的土壤，在池中间堆几个土畦。土畦要堆成“川”字形，比水位高出5cm，宽30~40cm。土畦间相距40~50cm，四周与池壁保持20cm的距离。土畦上可繁殖蚯蚓和种植蔬菜等，也可设置无土的竹巢等。

为避免换水时温差过大，在鳝池建好后，要建一蓄水池。蓄水池能高出养殖池更好，以便进水自流；容量可自定，但要保证蓄水量至少是养殖池水量的1/2~2/3。

2）囤养鳝的选择。鳝种收购或自捕于稻田、湖泊、沟渠等水体中，用专制的竹笼或抄网捕获。电捕、钩捕、药捕或市场收购储养时间长的鳝鱼成活率低，不宜长期囤养。入池鳝以体色光亮，呈黄色，黏液丰富，体形无曲折，活动力强，体质健康的个体为佳。长期独处于荫蔽物之外，长期“打桩”的黄鳝应及时处理，不宜长期囤养。

3）防病。投放鳝种之前，鳝池要用生石灰清塘，每平方米施0.15kg，7天后将石灰水洗去并上水放苗。投放前用3%~4%的食盐溶液或10mg/L的漂白粉溶液或8mg/L的高锰酸钾溶液倒入盆桶内浸浴鳝体，约10~20min。同一池中的鳝种规格不宜差别太大，每平方米可投放规格为25～150g的鳝种50～150尾。同时每平方米搭养5～6尾泥鳅，可起到改良水质、减少疾病的作用。入池后保持水位在25～35cm。

4）水质管理。养殖期间春秋季每亩隔5～7天换水1次，夏季每隔1～2天换水1次，每次换水1/3。夏季气温高，要做好避暑降温的工作。可适当提高水位，在池子四周种植南瓜、丝瓜等藤类植物或用稻草搭棚遮阴，并在鳝池内投放适量浮水植物如水葫芦、浮萍等遮阴（面积不能超过池子的1/3），将温度控制在28℃以下，以利于鳝鱼的生长。水源条件好者可用微流水方式降温，效果更佳。10～11月气温降到10℃以下，黄鳝即停止摄食进入休眠期，可在鳝池上加盖塑料薄膜，能平均提高温度8～10℃，延长生长期。

5）投喂。由于鳝种全部来自于野生，入池后要立即进行饵料驯化，即前3天不投喂任何食物，从第4天开始逐渐投饵，直至定量投喂。黄鳝的摄食量与水温有密切关系，在24～28℃时其摄食能力最强，所以在5～9月要加强投饵，饵料量占全年的60%。春秋季节水温低可适当少喂，以第2天无残饵为限，及时清除残饵。

投饵中严格遵循“四定”原则：定时，上午9：00～10：00，下午4：00～5：00，下午所投饵料量略多，占全天投喂量的60%～70%；定质，所投饲料必须新鲜，无污染，无腐烂变质现象；定位，每个鳝池设2～3个食台，饲料投在食台上；定量，每日的饲料量在同一个季节不应相差太多，刚入池时投喂量占鱼体重的1%～2%，夏季可达8%～10%，秋季占4%～7%。

6）病害防治。实践证明，黄鳝池防病至关重要。可通过定期用漂白粉（$1g/m^3$）对鳝池进行消毒，每天及时清除饵料残渣。根据一些养殖者和笔者经验，每隔15天在饵料中按每100kg黄鳝加20mL十滴水或10g土霉素，连用3天，并在池中放养1～2只蟾蜍可起到防病作用。

7）收获。通过近10个月的暂养，每平方米可产黄鳝6.5～10kg，平均增重1.4倍。

暂养黄鳝的主要经济效益来自于季节差价，成活率是暂养成功与否的关键因素，一般应要求成活率高于68%～70%。

（2）稻田囤养　稻田囤养黄鳝是在种稻的基础上囤养黄鳝。

1）稻田的选择。囤养黄鳝的稻田要有充足的水源，良好的水质，以无污染、无公害的江河湖库水为好，田埂坚实不漏水，不受洪水冲击和淹没的影响，远离居民区和交通主干道，面积2~3亩，呈东西向，长方形为好。

2）稻田的基本设施

① 建防逃设施：稻田选好后，根据稻田形状可分成3~4个部分，便于黄鳝分级饲养，每部分用砖墙隔开，隔墙及稻田四周的防逃墙均可砌为单墙，深入土下20cm，土上高40~50cm，各拐角处要呈弧形，隔墙上平铺一块整砖呈“T”形，这样便于投饵和行走，隔墙内外及四周的防逃墙内侧要用水泥抹面，稻田四周的防逃墙也可在田埂内侧埋置玻璃钢围栏，或以竹竿、木桩为骨架再铺薄膜，稍向内倾斜，四角为弧形，高均为60~70cm，其中深入土下部分20cm。

② 整理鳝垄：在稻田每一小区内，离四周防逃墙及隔墙40~50cm远，按东西向取田土打成宽50~60cm、高30~40cm的土垄，两垄相距30cm左右，这样便于黄鳝营洞穴生活。

③ 栽植水稻和水草：选择耐肥、抗病、抗倒伏、茎秆粗壮低矮的水稻品种进行栽插，并行栽两排，行距间30~40cm，株间距10cm左右，垄上两排水稻间移栽水花生、水葫芦等水生植物，可防止水质过肥，待水稻割去后也便于黄鳝逃避敌害和避免高温严寒的侵袭。

④ 安置防逃栅栏：在水稻每一小区相对两角设置进排水口，栏栅采用管道为好，水管两侧用双层网包好，再设置40目铁栏以防止青蛙、田鼠的危害。进水水源选择地势高的地方，可埋一钢管，出水一头接软管，根据虹吸现象自动进水最好。

3）鳝种放养。鳝种放养前10~15天要进行清塘，每亩用生石灰40kg左右兑水泼洒（注意不要泼到水稻上，保持稻田水位在20~30cm）。放养的鳝种来源于市场收购或野外采捕，要求鳝种无病无伤，活动有力，体色深黄，背侧有较大斑点为好；放养时间一般在5~6月秧苗返青竖直后或8~9月；放养前将黄鳝用其体重5%的含碘食盐及小苏打水进行消毒。

4）饲养管理

① 投饵：黄鳝入池后，一个星期内可不投食，因为黄鳝在一个新的栖息环境，绝大部分是不进食的，一般一个星期后可开始投食，每天下午6：00～7：00左右投喂1次，20天后，一天投喂2次，每日上午8：00～9：00投喂日投饵量的1/3，下午6：00～7：00投喂2/3，日投饵量为鳝体重的3%～8%。黄鳝食性是偏肉食的杂食性，饵料包括低值小杂鱼、螺肉、动物内脏等，也可使用大型饲料厂生产的黄鳝专用饵料。

② 勤换水：根据水质变化情况，定期换水或保持稻田微流水，一般每隔4～6天换水1次，高温季节要增加换水次数，2～3天换水1次，每次换水30%～50%，注意换水温差小于4℃，防止黄鳝患“感冒病”。

③ 防病：黄鳝养殖密度过大，若管理不善或环境严重不良时，会发生多种疾病，死亡率较高，而且在饵料中加药物往往造成黄鳝拒食。因此一定要坚持以防为主，防治结合的原则。每半月施1次生石灰，用量为每亩15～20kg。

④ 巡田：坚持每天巡田，及时清除残渣剩饵和死鳝，保持环境卫生，防止水质污染，防止老鼠及蛇类入侵，定期向水稻喷洒矮壮素，防止水稻旺长。在雷雨天、闷热天等天气时防止溢田和黄鳝逃跑，严防盗鳝。

5）捕捞。一般在元旦、春节前后黄鳝价格较高，这时可起捕黄鳝，根据起捕量，可放干田水后用锹挑出垄上一层泥土，然后用叉逐段挑出黄鳝，捕大留小，也可用倒须笼，内放鲜活动物饵料，埋入稻田中的投食区域附近，诱捕黄鳝。

四　黄鳝安全越冬应注意的问题

越冬前应强化培育，增强黄鳝自身体质。黄鳝体质的好坏直接关系到越冬成活率。所以从冬前的秋季开始必须加强饲养投喂。投喂含丰富蛋白质和一定量脂肪的饲料，并增加投喂次数，原来每天晚上投喂1次的，在上午再增加投喂1次。秋天水温逐渐降低，上午、晚上吃食减少时，可以把投喂时间逐步集中到水温较高的中午进行；另外投喂饲料量要足，以每次吃光稍剩5%左右为宜。

❶ 黄鳝收捕

人工养殖黄鳝，越冬前（11月左右）要进行收捕清塘。收捕方法有以下几种。

1）放竹制鳝笼（入口有倒竹刺、黄鳝易入难出）若干，内放猪肝、虾、蚯蚓等作诱饵，置塘四周或底部，夜置晨取，约可收捕池中80%以上的黄鳝。

2）将2~4m^2的网片置于水中，网片正中置放黄鳝喜食的饵料，随后盖上芦席或草包沉入水底，约15min后，将四角迅速提起，掀开芦席或草包，便可收捕大量黄鳝，起捕率可高达90%左右。

3）干池挖捕。越冬前，趁黄鳝大多还潜伏在泥土表层时，可将塘水排干，翻泥捕鳝。挖捕黄鳝一般在越冬前11月的晴天进行为好。

❷ 选留亲鳝

留作繁殖用的雌雄亲鳝至少要在1冬龄以上，且体质健壮，无病伤，活动迅速，体色鲜艳。雌亲鳝体长20~30cm，雄亲鳝体长约40cm。雌雄选留比例以2∶1为宜。翌年3~4月可对选留的亲鳝进行强化精喂，使其产卵繁殖。

❸ 留足鳝种

收捕黄鳝时，除销售一部分增收外，还要根据来年生产的规模留足小黄鳝作苗种，一般每平方米池塘要准备规格25g左右的小黄鳝5~6kg，留到来年饲养。鳝种应选择背呈金黄色或略呈棕黄色、健康无病伤的小黄鳝。

❹ 越冬方法

一般当年11月至次年2月是黄鳝的越冬期，须对黄鳝严加保护使其顺利越冬。黄鳝越冬方法主要有以下几种。

1）带水越冬。将黄鳝池保留一定水位，保持池底不结冰。黄鳝可潜入池底土洞穴深处越冬。若气温短期升高，黄鳝白天还可出洞呼吸或捕食。

2）排水越冬。将池水排干，保持池底泥层湿润。为防冰冻，可在池面上盖一层稻草、草包等保暖防冻。此法适用于计划在春节前后便收捕的黄鳝池。

3）网箱越冬。

5 越冬管理

1）防止敌害。在黄鳝池的泥土上常覆盖一层稻草或草包保温，而寒冷的冬季，不少动物喜欢以草为巢，如鼠、猫、黄鼠狼等。这类动物嗅觉极为敏锐，只要一旦选中以黄鳝池为巢就免不了挖鳝为食。为防止这些敌害，可在黄鳝池上覆盖细网或遮阳网等，使其安全越冬。

2）泥面无水。排水后的越冬池中一般只要池面稻草无冰冻状况，泥面就不会冰冻。如果一旦泥面冰冻，由于冻土隔绝了黄鳝池载体与空间的气体交换作用，导致黄鳝缺氧而苏醒，并出现骚动不安，甚至向上窜动的现象，增加了耗氧量，最后窒息而亡。为解决该问题，一方面要及时破冰通氧，另一方面须进一步除去泥面积水，在池面上加盖一层稻草，保温防冻。

3）坑中有水。带水的越冬池，要使鳝池的进水缓冲坑保持有一定的水位。黄鳝越冬是靠皮肤渗透孔和侧线孔及泄殖孔进行微呼吸运动的，这一呼吸作用是靠黄鳝体内体液和体外黏液作载体进行交换来完成的。黏液离不开水，但对水的需要量不是很大，只要载体的含水率达60%即可满足黄鳝这一需要。

要是采用深水越冬法，要注意池中水深不能低于50cm，另外，在水面上可放些水草、浮萍等，结冰时要敲开冰层透气，这样，既能保持池底温度，又能保证池水含有一定的溶氧量，以达到理想的越冬管理效果。

4）网箱中要有丰厚的水草。即使在冬季水草枯萎，但仍是黄鳝栖息隐藏的场所，其密度必须很高并布满全网箱。在各类水草中以水花生最好。

5）放养密度不能过高。密度过高，黄鳝易拥挤、互相干扰，同时耗氧量大，影响越冬成活率。在水草丰厚、水质良好的池塘中放置的网箱，黄鳝越冬密度一般不超过10kg/m^2。

6）池塘水质要求良好，溶氧丰富。冬眠期的黄鳝呼吸微弱，其辅助呼吸器官对水中溶氧的利用起着十分重要的作用。溶氧不足，易造成越冬死亡。为确保成活率，网箱中水质的溶氧量要求在每升5mg以上。因此，必须加强冬季池塘水质的管理，及时换注新水，保持池水一定的肥度，增强水体自身产氧能力。

7）寒冷天气盖草防冻。随着天气转冷，在网箱水草上要加盖一层干稻草，以防冰冻和缓冲昼夜水温变化。

8）严防人畜等危害。越冬期应经常检查越冬池，但在网箱越冬池中应避免人畜对网箱的干扰和池水的搅动，及时消除鼠害。

第四章
黄鳝的病害防治

一 黄鳝病害的预防

目前对于水产养殖动物的病害防治及水产动物的无公害养殖已越来越引起人们的重视。病害防治的发展趋势是从以化学药物防治为主，向以生物制剂和免疫方法，提高养殖对象的免疫机能，选育抗病品种，采用生态防治病害等进行综合防治为主的方向转变，使产品成为绿色食品。

保护鱼体不受损伤，避免敌害致伤，病原就无法侵入，如赤斑病、打印病和水霉病等就不会发生。养殖水体中化学物质浓度太高，会促使黄鳝等鱼类分泌大量黏液，黏液过量分泌，就起不到保护鱼体的作用，反而会降低甚至不能抵御病原菌的侵入。

黄鳝在发病初期从群体上难以被觉察，所以只有预先做好预防工作才不至于被动，才能避免重大的经济损失。而病害预防必须贯穿整个养殖工作。

1 苗种选择

1）带伤有病黄鳝的体表有伤痕、血斑，鳃颈部红肿等，往往是由于捕捉不当、暂养不当所致。一般应留用笼捕的黄鳝进行养殖。

2）具不正常状态的鳝种不宜养殖。在黄鳝尾部发白、黏液缺少或无黏液，这是水霉病感染的症状；鳝体有明显红斑，大小如黄豆，这是感染腐皮病的症状；黄鳝头大颈细，体质瘦弱，严重时呈卷曲状，这是患毛细线虫病的症状，且极易传染。

3）药物中毒的黄鳝，如被农药毒害，外表尚难辨识，但往往

30h 左右（随温度高低而不同）体色变灰、腹部朝上等。

4）长期高密度集养，运输、暂养后往往由于水少黏液多，温度易升高而致使黄鳝患“发烧病”，这类黄鳝在人工养殖过程中往往陆续死亡，很难治愈。

5）在较深水中“打桩”的黄鳝往往比在水底安静卧伏的黄鳝体质差，较易死亡。这可以作为在选择黄鳝进行人工养殖时参考。

6）在进行黄鳝苗种收集过程中应按第二章（二）采集黄鳝苗种应注意的问题来操作。放养后初期，若有黄鳝久不入“窝”、独处、漫游，这类往往是有问题的，养殖过程容易发病死亡，最好将其捞出，进行销售等处理，避免经济损失。

在选择苗种时除参考上述几点外，可用下法挑选。将很容易捕捉，鳝体疲软的黄鳝剔除后，用盐水选苗。盐水的用量以鳝重 1:1 左右配制。将盐水装入盆中，深度达盆的 3/4，盐水剂量为 3%。将鳝种倒入有盐水的盆中，身体有损伤的黄鳝便会窜出；另一些黄鳝身体疲软，这两类黄鳝都不宜选来人工养殖。其中一些黄鳝较安静地留在盐水中，体格健壮活动灵活，这部分黄鳝可被选来人工养殖。

做好病害的预防，首先要选好苗种。苗种优劣一般可参考下列几方面来判别。① 了解人工繁殖时的受精率和孵化率。一般受精率、孵化率较高一批的鱼苗体质好。② 优质鱼苗体色鲜嫩，体形匀称，苗体肥满，大小较一致，游动活泼。③ 可装盛鱼苗于白瓷盆中，用口适度吹动水面，其中顶风、逆水游动者为强，随水波被吹至盆边者为弱。④ 将鱼苗盛在白瓷盆内，沥去水后在盆底剧烈挣扎，头尾弯曲剧烈者体质强；鱼体粘贴盆底，挣扎力度弱，仅头尾略为扭动者弱。⑤ 在鱼篓中的苗，经略搅水成漩涡，其中能在边缘溯水游动者强，被卷入漩涡中央部位者弱。

❷ 苗种消毒

放养前苗种应进行消毒，常用消毒药有：

食盐溶液：2.5% ~3%，浸浴 5 ~8min；

聚维酮碘溶液（含有效碘 1%）：20 ~30mg/L，浸浴 10 ~20min；

四烷基季铵盐络合碘溶液（季铵盐含量 50%）：0.1 ~0.2mg/L，

浸浴 30～60min。

消毒时水的温差应小于 3℃。

❸ 工具消毒

养殖过程使用的各种工具，往往能成为传播病害的媒介，特别是在发病池中使用过的工具，如木桶、网具、网箱、木瓢、防水衣等。小型工具消毒的药物有高锰酸钾溶液 100mg/L，浸泡 30min；食盐溶液 5%，浸泡 30min；漂白粉溶液 5%，浸泡 20min。发病池的用具应单独使用，或经严格消毒后再使用。大型工具清洗后可在阳光下晒干后再用。

❹ 水体消毒

常用的有效消毒药物是生石灰，但黄鳝池一般不用生石灰消毒水体。还有许多优良的水体消毒剂，可根据不同情况选用。漂白粉用量为 1mg/L；漂粉精用量为 0.1～0.2mg/L；强氯精用量为 0.3mg/L；二氯异氰尿酸钠用量为 0.3mg/L；氯胺 T 用量为 2mg/L 等，这些消毒剂均有杀菌效果。但当水体中施用活菌微生态调节剂时不能与这些杀菌剂合用，必须待这些杀菌剂药效消失后再使用活菌类微生态调节剂，否则会因为杀菌剂存在，使活菌类微生态调节剂失效而造成浪费。杀虫效果较好的制剂有硫酸铜，硫酸亚铁合剂，两者合用量按比例 5∶2 配比，以达到在水体中的含量为 0.7mg/L。

❺ 饵料消毒

病原体也常由饵料带入，所以投放的饵料必须清洁新鲜无污染、无腐败变质，动物性饲料在投饲前应洗净后在沸水中放置 3～5min，或用 20mg/L 高锰酸钾溶液浸泡 15～20min，或 5% 食盐溶液浸泡 5～10min，再用淡水漂洗后投饲。泥鳅池塘施肥前有机肥一定要沤制，并每 500kg 加入 120g 漂白粉消毒之后才能投施入池。

❻ 加强饲养管理

病害预防效果因饲养管理水平不同而有差异。必须根据黄鳝的生物学习性，建立良好的生态环境，根据各地具体情况可进行网箱、微流水工厂化、建造“活性”底质等方法养殖；根据不同发育阶段、不同养殖方式、不同季节、天气变化、活动情况等开展科学管理；投饵做到营养全面、搭配合理、均匀适口，保证有充足的动物性蛋白饲料，投喂按“四定”原则进行；做到水质、底质良好，鳝池应勤换水，保持水中溶氧量不低于3mg/L。流水池的水流量以每天换2～3次为宜，每周彻底换水1次。及时去除残饵和死亡个体。

❼ 生态防病

鳝病预防宜以生态预防为主。生态预防措施有以下几种。

1）保持良好的空间环境：养鳝场要建造合理，满足黄鳝喜暗、喜静、喜温暖的生态习性要求。

2）加强水质、水温管理：保持水质、底质良好，勿使换水温差过大，防止水温过高。重要的是使养殖水体中保持丰富的藻类，形成洁净的“绿水”系统。

3）在养殖池中种植水花生等挺水植物或水葫芦等漂浮植物；在池边种植一些攀援植物。

4）在黄鳝池中搭配放养少量泥鳅以活跃水体；每池放入数只蟾蜍，以其分泌物预防鳝病。应用有益微生物制剂改良水质维持微生物平衡，抑制有害微生物繁衍。

5）病鳝及时隔离处理。

❽ 病鳝及时隔离

在养殖过程中，应加强巡池检查，一旦发现病鳝应及时隔离饲养，并用药物处理。

❾ 在消毒防治中注意合理用药

在无公害黄鳝养殖中，为了保持养殖环境和养殖对象体内、外生态平衡，抑制或消除敌害生物侵袭、感染时除尽量使用有益微生物制剂，进行生物防治，创造良好生态环境之外，正确合理有限制地使用消毒、抗菌药物也是必要的，但必须注意这些药物的使用品种、使用剂量和使用时间，例如，绝不能使用已禁用的药物，不能超量使用，并注意无公害要求的禁用期和休药期等。要是超量使用不仅达不到防治病害的目的，而且会造成药害死亡，这种死亡有时在短期内大量发生，有时则在养殖过程中持续性陆续发生，编著者曾做过有关试验，见表4-1、表4-2、表4-3、表4-4。

表4-1　不同含量的生石灰水体对黄鳝存活的影响

试　验　组									对照组
含量/(mg/L)	400		100		50				0
时间/h	2	5	5	24	5	24	48	96	168	168
存活率（%）	6.7	0	100	82.3	100	100	96.7	90	0	100
死亡率（%）	93.3	100	0	17.7	0	0	3.3	10	100	0

表4-2　不同含量的食盐水体对黄鳝存活的影响

试　验　组						对照组
含量(%)	20	2		1		0
时间/h	8	24	96	24	96	96
存活率（%）	0	100	100	100	100	100
死亡率（%）	100	0	0	0	0	0

表4-3　不同含量的高锰酸钾水体对黄鳝存活的影响

试　验　组							对照组
含量/(mg/L)	40		2		1		0
时间/h	24	72	24	72	24	72	72
存活率（%）	66.3	0	63.3	53.3	90.0	80.0	100
死亡率（%）	33.7	100	36.7	46.7	10.0	20.0	0

表4-4　不同含量的硫酸铜水体对黄鳝存活的影响

试　验　组							对照组
含量/(mg/L)	7			0.7			0
时间/h	24	48	96	24	48	96	96
存活率（%）	50.0	30.0	20.0	100	100	100	100
死亡率（%）	50.0	70.0	80.0	0	0	0	0

人工养殖黄鳝，其密度比自然条件下要高得多；加上选种、运输等过程对其有损伤；人工投喂中营养缺损及残饵对水质底质的污染，病害生物的入侵等都会引起病害发生。现将常见的一些病害介绍如下，防治方法尚可在对黄鳝病害的深入认识，根据实际生产中的实践经验等不断加以改进。

防病诀窍

1. 提高黄鳝的抗病体质是关键。

（1）保持鳝体正常的黏液层；防止水体中化学物质和污染毒害物质的积累，操作小心勿伤鳝体，避免刺激黄鳝产生应激反应，切勿过度用药。

（2）提供丰富动物性饵料和黄鳝要求的生活环境。

（3）重视苗种选择和正确的苗种收集操作。

2. 改良水体和底质环境，使其含丰富有益藻类和有益微生物。

3. 盛暑高温保持水体清凉，如提供充分遮阴水草和藤蔓作荫棚等。

4. 实施生态养殖。

二、黄鳝病害的治疗

1 打印病

病原体：点状气单胞菌点状亚种。

病症：患病部位先出现圆形或椭圆形坏死和糜烂，露出白色真皮，皮肤充血发炎的红斑形成鲜明的轮廓。病鳝游动缓慢，头常伸出水面，久不入穴。

该病终年可见，尤以 4～9 月多发，各养殖地区都有发生。

防治方法：外用药同赤皮病；内服药以每 100kg 黄鳝用 2g 磺胺间甲氧嘧啶拌饲投喂，连喂 5～7 天。

2 花斑病

病原体：细菌感染。

病症：病鳝背部出现蚕豆大小黄色圆形斑块，严重时死亡。该病在6～8月流行，7月中旬达到高峰。

防治方法：

① 用0.4mg/L的强氯精全池泼洒。

② 将去皮蟾蜍，用绳系好后在发病池内往返拖数遍，有一定疗效。

3 出血病

病原体：嗜水气单胞菌。

病症：病鳝体表呈点状或斑块状弥漫性出血，以腹部最明显（彩图7），其次是身体两侧，体表无溃疡，身体失去弹性，呈僵硬状态。病鳝喉、口腔充血并伴有血水流出。腹腔有血水，肝脏肿大色淡，有的具有出血斑。肝、肾出血以肝损坏尤为严重。肠道发炎充血，无食，内含黄色黏液，肛门红肿。该病发病快，严重时死亡率达90%以上，流行季节为4～10月，6～9月为高峰期，各养殖区均有发生。

防治方法：

① 用0.4～0.5mg/L的强氯精全池泼洒。

② 用10mg/L的二氧化氯浸浴病鳝5 ～10min，每100kg黄鳝用2.5g氟哌酸拌饲投喂，连续5天，第一天药量加倍。

4 肠炎病

病原体：细菌感染。

病症：病鳝离群独游，游动缓慢，鳝体发黑，头部尤甚，腹部出现红斑，食欲减退。剖开肠管可见肠管局部充血发炎，肠内没有食物，黏液较多。

该病传染力强，病程较短，死亡率高。水温25～30℃，是该病适宜流行的温度。

防治方法：每100kg黄鳝每天用大蒜30g拌饲，分2次投喂，连喂3～5天，每100kg黄鳝用5g土霉素或磺胺甲基异噁唑，连喂5～7天。

5 水霉病

病原体：水霉菌。

症状：初期病鳝症状不明显，数日后病鳝体表的病灶部位长出棉絮状的菌丝，且在患处肌肉腐烂。鱼卵及幼苗均可感染这类疾病。凡是受伤的卵、幼鱼、成鱼均容易患水霉病。

防治方法：

① 避免鱼体受伤。

② 用食盐—小苏打合剂（各400mg/L）泼洒，或用亚甲蓝溶液（2～3mg/L）泼洒。

6 毛细线虫病

病原体：毛细线虫，虫体细小如纤维状，其头部钻入鳝肠壁黏膜层，吸取鳝体营养，破坏组织，引起肠道发炎。

病症：毛细线虫以其头部钻入寄主肠壁黏膜层，引起肠壁充血发炎，病鳝离穴分散于池边，极度消瘦，继而死亡（彩图8）。在虫体少量寄生时，没有明显外观症状；当虫体大量寄生时，病鳝身体呈卷曲状运动，头部颤抖，消瘦直至死亡。该病主要危害当年鳝种，大量寄生引起幼体死亡。

防治方法：

① 放养前以生石灰清塘，杀死虫卵。

② 用敌百虫晶体 0.5mg/L 泼洒，第 2 天换水。同时，每 100kg 黄鳝用 10g 敌百虫晶体拌入蚌肉或蚯蚓浆中再投喂，连喂 5～6 天。

③ 每 100kg 黄鳝用 0.2～0.3g 左旋咪唑或甲苯咪唑，连喂 3 天。

7 棘头虫病

病原：隐藏棘衣虫。

症状：棘头虫虫体较大，呈乳白色，主要寄生在病鳝近胃的肠壁上，以带钩的吻，钻进肠黏膜内，吸收寄主营养，常引起病鳝肠壁、肠道充血发炎，鱼体消瘦。大量寄生时，会引起肠道阻塞，严重时造成肠穿孔，或肠管被堵塞，鳝体消瘦，有时引起贫血，导致死亡。该病终年可发生，无明显季节性，各年龄组黄鳝均可感染，感染率达 60%～100%。

防治方法：

① 用敌百虫晶体 0.7mg/L 泼洒水体，杀灭中间宿主——剑水蚤，同时每 100kg 黄鳝用 10g 敌百虫晶体拌饵投喂，连喂 6～7 天。

② 每100kg 黄鳝用0.2～0.3g 左旋咪唑或甲苯咪唑和2g 大蒜素粉或磺胺嘧啶拌饲投喂，连喂3天。

8 细菌性烂尾病

病原：黄鳝尾部感染产气单胞菌所致。

症状：被感染的尾柄充血发炎，直至肌肉坏死溃烂。病鳝反应迟钝，头常常伸出水面，严重时尾部烂掉，尾椎骨外露，丧失活动能力而死亡。

防治方法：用10mg/L 的二氧化氯药浴病鳝5～10min，每100kg 黄鳝用5g 土霉素或磺胺甲基异噁唑1次，连喂5～7天。

9 中华颈蛭病

病原：由中华颈蛭体外寄生所致。中华颈蛭俗称蚂蟥。

症状：中华颈蛭以其吸盘吸附于幼鳝和成鳝的体表任何部位，但主要吸附于鳃孔处和体侧、头部，吸取寄主血液，其致病死亡率约为10%。

防治方法：

① 用5mg/L 的亚甲蓝溶液泼洒，4h 后换水。连用3天见效。

② 用10mg/L 的敌百虫溶液或5mg/L 的高锰酸钾溶液，以及20mg/L 的丑牛液泼洒。

③ 用一老丝瓜芯浸入鲜猪血，待猪血灌满瓜芯并凝固时，即放入水体。30min 之后，取出瓜芯即可诱捕大量虫体，如此反复数次，即可基本捕杀干净。

④ 用3%的食盐溶液浸浴鳝体5～10min。

⑤ 用10mg/L 的硫酸铜溶液浸浴10～20min，并用新水冲洗，使蛭脱落。

10 赤皮病（赤皮瘟、擦皮瘟）

病原体：细菌感染。

症状：黄鳝皮肤在捕捞或运输时受伤，致使细菌侵入皮肤所引起的疾患。病鳝体表局部出血，发炎、皮肤脱落，尤其在腹部和两侧最为明显，呈块状，有时黄鳝上下颌及鳃盖也充血发炎。在病灶处常继发水霉菌感染。病鳝身体瘦弱，春末、夏初较常在养殖场见到。

防治方法：

① 放养前用5～20mg/L的漂白粉溶液浸浴鳝体约半小时。

② 发病季节用漂白粉挂篓进行预防。漂白粉用量，一般为每平方米用0.4g。根据池塘面积大小而定，大池可用2～3篓；小池可用1～2篓。

③ 捕捞及运输时小心操作，避免鳝体受伤。

④ 用1.0～1.2mg/L的漂白粉溶液全池泼洒；用0.05g/m^{2}明矾兑水泼洒，2天后用25g/m^{2}的生石灰兑水泼洒；用2～4mg/L的五倍子溶液全池遍洒，每100kg黄鳝用磺胺嘧啶5g拌饲投喂，连喂4～6天。

⑤ 每平方米池用0.05%的明矾溶液泼洒，2天后再用生石灰按25g/m^{2}化水泼洒。

第五章 黄鳝饲料的培育

黄鳝在自然界分布广泛，其生存环境中有丰富的活体饵料，如昆虫、蛙卵、蚯蚓、水丝蚓等，在其幼体阶段则有丰富的浮游生物。这些食料不仅来源丰富，而且容易消化。黄鳝是一种典型的肉食性鱼类。人工养殖黄鳝时，缺乏足够的动物性蛋白会影响其正常生长。所以开展黄鳝养殖，必需配套养殖饵料生物，尤其在小规模养殖时，利用各地农副产品废料等进行饵料生物培养，变废为宝，可大大降低生产成本，减轻环境污染，是一种利国利民的好方法。规模化养殖黄鳝，对刚孵出的鳝苗采用轮虫、枝角类等浮游动物为开口饵料进行投喂，苗种成活率高、生长快。在黄鳝商品成鱼养殖的驯饵阶段，则必须结合天然鲜活饵料来进行。常规养殖中，在投喂配合饲料的同时也应定期补充天然鲜活饵料或在配合饲料中添加部分鲜活饵料。可见，进行黄鳝养殖，尤其是成鳝养殖时，必须配套培养饵料生物。除了以下介绍的饵料生物培养方法之外，一些野杂鱼、家鱼等低值鱼类也是黄鳝喜食的动物性饵料，同样可进行收捕、增殖和养殖，其方法不再在此介绍了。

一 蚯蚓的人工养殖

蚯蚓又名“地龙”，俗称“曲蟮”。蚯蚓属于环节动物门、寡毛亚纲的陆栖无脊椎动物。

蚯蚓富含蛋白质，根据对赤子爱胜蚓的分析，干体含粗蛋白61.93%，粗脂肪7.9%，碳水化合物14.2%。其粗蛋白含量略低于鱼粉，粗脂肪含量高于鱼粉。蚯蚓是黄鳝喜食的活饵料，同时又具药用价值，在获得优质有机肥料的同时能解决部分公害问题。作为人工养殖的蚯蚓应具有繁殖力强、生长快等优点，我国已发现和定名的蚯蚓品种虽有约150种，但可供人工养殖的不多。我国在1979年从日本引进的赤子爱胜蚓——大平二号和北极星二号，是较好的养殖品种。

蚯蚓养殖应包括蚯蚓饲养场所的选择，基料（培养基料）的制作，饵料的制作，饲养方法（放养密度、投饵法、投饵量），各阶段蚯蚓的饲养管理及蚓粪的清理工作等。现将蚯蚓的一般养殖技术介绍如下。

❶ 蚯蚓饲养场所的选择

蚯蚓的饲养场地应选择在排水方便、通风好、湿度小、安静、无煤烟和农药处，同时防止鼠、蛇、蛙、蚂蚁等危害。

饲养场所因地制宜，一般有室外饲养和室内饲养两种。

(1) 室外饲养

1）青饲料地（如山苦荬、聚合草）、果园、桑园饲养。在行距间开浅沟投入饵料，然后将蚯蚓放入，便于蚯蚓定居其中。在聚合草地饲养蚯蚓，夏季聚合草生长旺盛，其叶可为蚯蚓遮阴避雨，以防阳光直射和水分蒸发。平时蚯蚓可食枯黄落叶，遇大雨冲击时可爬入根部避雨。桑园饲养亦然，但需注意浇水，防止逃跑。这种饲养方法成本低，效果显著，易于推广。

2）杂边地饲养。利用场地院落空地、岸边和河沟的隙地，四周挖好排水沟，翻挖成宽1m左右的田块，定点设置饵料，放入蚓种饲养，获取蚯蚓。夏季搭凉棚或用草帘覆盖，亦可种些丝瓜、扁豆等，及时喷水保湿和补充饵料。

(2) 室内饲养　室内饲养形式有多层式箱养、盆养、工厂化养殖法等多种。

1）多层式箱养。在室内架设多层床架，在床架上放置木箱，木箱内铺设饵料饲养蚯蚓。在两行床架之间架设走道，便于管理，室温保持在20℃，可以常年生产。

2）盆养。可用陶缸、瓦盆、木盆等，适用于家庭饲养蚯蚓。

3）工厂化养殖法。主要用于赤子爱胜蚓和红蚓的大规模养殖。

工厂化养殖，应设置饵料处理场、养殖车间、养殖床等。

① 饵料处理场：供饲料的堆积发酵或分选粉碎之用，可利用室外场地。

② 养殖车间：可采用砖木结构，也可采用塑料大棚，室温控制在5～32℃。有控温设备的，温度最好控制在18～28℃，这样可保证全年连续生产。养殖车间的大小，视规模而定。室内建两排养殖床，中间留有1.2m宽的作业道。

③ 养殖床：平地建池，池四周用砖砌成，水泥抹缝。床面稍倾斜，较低一侧墙脚有排水孔，以便饵料中多余水分排出。池的大小：一般养青蚓的池，墙高60cm，面积以5m^2左右为宜；养赤子爱胜蚓的池，面积为3m^2左右，墙高40cm。池底铺上15cm厚的熟土，上面盖20cm厚的基料。养殖床四周设宽30cm、深50cm的水槽，既可排水又兼作防护沟。

室外养殖比室内养殖方法简便，适宜于个体大、生活在较深土层中的青蚓养殖；室内养殖以赤子爱胜蚓为好。

❷ 基料的制作

基料是指发酵熟化，能供蚯蚓生存和营养的基础料。熟化基料必须保证营养一致，粪草均匀，质地疏松，呈咖啡色，pH为6.8～7.6。

（1）基料的要求　基料中的有机物质必须已经腐熟分解，适口性好，具有细、熟、烂、营养丰富、易于消化吸收等特点。

（2）基料的种类

1）粪料。可用牛、马、猪、羊、兔粪和适量鸡粪，亦可用食品下脚料，烂菜、瓜、果等，占基料总量的70%。粪肥收集后，为了保持粪肥的质量，多采用湿粪储藏。将收集的湿粪堆成一个大堆，拍紧；亦可随收随晒，以干粪储藏，粪要晒得干透，一般在堆料前快速晒干。

2）草料。可用杂草、各种树叶、木屑、垃圾等，占基料总料的30%。用垃圾堆制基料时，应加入软茎杂草混合堆制，以提高基料质量。

（3）堆制方法　在堆料前，将干草料用水浸泡。干粪也要用水拌湿，做到干湿均匀。料温高，发酵快。堆料开始，地上先铺1层干草料，厚6~8cm，然后铺上3~5cm厚的粪料，这样连续铺上3~5层，边堆料，边分层浇水，第一层粪草上不要浇水，以后每层粪草铺好后随即浇水，下层少浇，上层多浇，水要浇在草上。

另一种方法是用湿粪堆制发酵，即没有晒过的粪和干草一起堆制发酵。堆制后，第二天堆温上升，4~5天后堆温可以上升到75~80℃，以后逐渐下降，当降到60℃时，进行翻堆，重新堆制。约7天后，第二次翻堆，以后间隔5天、4天、3天，翻堆1次。

一般堆期为30天左右。在翻堆时宜适当浇水，避免基料过干。

3 饵料制作

饵料是经发酵熟化，无不良因素，有机质已分解，易被吸收，能不断供给蚯蚓营养的添加料。现将蚯蚓的饵料种类和制作方法简介如下。

（1）饵料种类　作为蚯蚓的饵料分蛋白质含量较高和较低两种。

1）蛋白质含量较高的饵料。一般有粮油下脚料、麦麸、米糠、豆科植物、动物残体、牲畜粪便等。

2）蛋白质含量较低的饵料。一般有烂水果、淀粉、糖类、植物全身及以植物茎叶为原料的工业下脚料和垃圾等，它们纤维素含量较高。

（2）制作方法　蚯蚓的饵料不管是蛋白质含量高的，还是蛋白质含量低的都必须经发酵熟化才能使用。但在具体做法中两者又有所区别。

粮油下脚料、麦麸、米糠等必须经堆制发酵才能投喂。饵料堆制中含水量的测定以用手紧握麦麸，指缝间有1~2滴水滴落为宜，做到干湿均匀。堆制过程中翻堆3~4次，翻堆时适当洒水。亦可直接用牛粪、猪粪等粪料堆制发酵，时间为10~20天，翻动1次就可使用。料宜偏干堆制，需用木棍在料堆上面戳几个洞，改善供氧，排出有害气体，促进熟化。

若用作物秸秆、青草、树叶、水果、垃圾堆制发酵，需翻堆2~3次，方可使用。如果有未熟透的纤维可拣出来重新发酵。冬季，为了加速粪腐熟发酵，可在粪料堆上覆盖塑料薄膜，或在堆面上加盖杂草。也可用粪肥70%（牛、马、猪、羊、兔粪），作物秸秆或青草20%，麦壳或麸皮10%，混合均匀，粉碎堆制发酵。

无论是基料或饵料，都必须充分腐熟、分解，无不良气味，呈咖啡色时方可使用。投料时，可取少量新饵料投入蚯蚓床，观察两天，若有大量蚯蚓进食新饵料，才能大量使用。

4 饲养方法

（1）放养密度　在适宜的条件下，青蚓饲养密度以1 500条/m^2左右为宜；赤子爱胜蚓以20 000～30 000条/m^2为宜。

（2）投饵方法

1）上投法。此法适于补料。当观察到料床表层的饵料已粪化，可将新饵料撒在原饵料上面，约5～10cm厚。经1～2昼夜，蚯蚓很快进入新饵料层活动并采食。经数次补料后形成饵料床。

上投法便于观察饵料粪化情况，投料方便，缺点是新料中的水分渗入原饵料层内，造成底部水分过大，而且逐次投料将蚯蚓茧埋于深处。改进的方法为定期翻床。

2）下投法。此法是将新料铺入养殖床内部。用此法补料时，将原饵料从床位内移开，将新饵料铺在原来床位内，再将原饵料（连同蚯蚓）铺在新饵料上。保留一个空床，在补料时，采用一翻一的作业法逐个翻床投喂。此法优点为原饵料在上部，有利于蚓茧孵化；缺点为新饵料在下部蚯蚓采食不全，造成饵料浪费。

3）侧投法。此法适用于将蚓种诱出，使成体蚓茧和幼蚓分开，养殖与孵化分开。

当原饵料床内已存有大量蚓茧和幼蚓，或原饵料床已堆积成一定高度，且大部分粪化时，可用此法将蚯蚓诱出。方法是在原饵料床两侧平行设置新料床，经2～3昼夜或稍多些时间后，成蚓自行进入新料床。幼蚓因活动能力弱，仍留在原床。

（3）投饵量　蚯蚓的养殖，以4个月为1周期。一天的投饵量通常相当于蚯蚓自身的体重。一条成蚓的体重一般为0.4g，若1万条，一天约吃4kg饵料。随着不断繁殖增长，饵料相应增多。

（4）投料时间　可隔天投喂1次或数天投喂1次，每天投饵量应等于蚯蚓的总重量。因此，隔天投喂，饵料量等于蚯蚓总重量的2

倍；数天投喂，饵料量约为蚯蚓总重量的数倍。

5 各阶段蚯蚓的饲养管理

蚯蚓的生长周期包括繁殖期、卵茧期、幼蚓期、幼蚓后期（若蚓期）和成蚓期。

蚯蚓的饲养管理，指各时期的经常性的投料及蚓粪清理等工作。粪便回收应尽量避开产卵孵化期。

（1）繁殖期的饲养管理　此时期主要利用蚯蚓性成熟的繁殖优势，得到大批蚓茧，获得蚓群的补充群体，是蚓群养殖的基础工作。

1）稀养。以 6 000 ~ 8 000 条/m^2 为宜。

2）更新繁殖蚓。赤子爱胜蚓性成熟后，连续交配产茧 2 ~ 3 个月后，繁殖率逐渐下降，这时从新成熟的蚓群中，挑选发育健壮、色泽鲜艳、生殖带肿胀的蚯蚓更换取代老的繁殖蚓。

3）增加优质饵料。在饵料中增加优质细碎的饲料，如麦麸、奶牛粪。

在每年 3 ~ 7 月和 9 ~ 11 月的繁殖旺季，每隔 5 ~ 7 天取茧 1 次，同时应倒翻弄松饲床，改善饲床的透气性，每 10 ~ 15 天更换饲料 1 次。饲料要细碎无团块，铺料厚度为 15cm，用侧投法更新饲料。饲养床保持不积水、安静，并注意保温，经常防除敌害。

（2）卵茧期的管理　卵茧多产于粪层中。卵茧的孵化操作如下。

1）卵茧的收集。在繁殖旺季，每隔 5 ~ 7 天，应从繁殖蚓床刮取蚓粪和卵茧的混合物，置于孵化床中孵化。

蚓茧、蚓粪的分离方法：从繁殖蚓床刮取蚓粪和卵茧的混合物后，先在阴凉处摊开（避免太阳晒），让水分蒸发一部分，因卵茧重于粪粒，多数卵茧下移至底层。再用米筛或铁丝网（8 目）过筛，筛出卵茧，置于孵化床中孵化。

2）孵化床。孵化床结构同饲养床。其不同之处为，内放优质细碎饲料，作为前期幼蚓的基料。饲料湿度保持在 60% ~ 70%，孵化床面用草帘或塑料薄膜覆盖，保温防干。在孵化过程中，用小铲翻动蚓茧和蚓粪的混合物数次。不要翻动孵化基料，稍洒点水，便可诱集幼蚓与卵茧分离。

在温度 18 ~ 28℃ 条件下，40 天左右幼蚓孵出，进入幼蚓养殖期。

3）孵化养殖：孵化养殖方法有如下两种。

① 繁殖和饲养分开。把清粪时清出的蚓茧和蚓粪混合物作孵化基，厚度为20cm，湿度调节到60%～70%，然后置于地面床孵化，也可装入底部和四壁有孔的木箱或筐篓内孵化，上盖草帘等，以保温保湿，保持孵化床温度在10～30℃。当大部分蚯蚓茧孵出幼蚓达1月以上（体长2cm左右）时，再用投料法，将幼蚓诱至新饲料内进行饲养。

② 繁殖和饲养相结合。养殖与孵化在同一饲料床进行，可分两种情况。

第一，春、秋季，蚯蚓进入产卵旺季，应把料床中蚯蚓的密度减少到2 000～4 000条，投入足够的新饲料，可促使其大量繁殖。

第二，把补料、清粪、翻动饲料、收取成蚓等几个环节结合进行。当床内密度达2万条/m^2左右时，将成蚓取出一部分，其余继续养殖，此法可定期收获产品。

（3）幼蚓期的饲养管理　刚孵出的幼蚓体积小，可高密度养殖，每平方米可养5万～6万条，铺料厚度为8～10cm。当幼蚓将孵化基料大部分变为蚓粪后，应清粪，扩大床位，原则上扩大1倍，降低密度，补充新料。

早期幼蚓的饲料要细碎通气，湿度保持在60%左右；每隔5～7天松动蚓床1次，增加料床的空气；每隔10～15天补料清粪1次。补料方法用下投法，将幼蚓及残剩饲料移至床的一侧，在空位处补上新料，然后把幼蚓和残料移至表面铺平。前期幼蚓饲养1个月左右。

（4）幼蚓后期（若蚓期）的饲养管理　后期幼蚓活动增强，生长发育快，应适当增加清粪、补料及翻床次数。铺料厚为15cm左右，每隔7～10天清粪、补料、翻床1次。用下投法补料。饲养20天左右，降低养殖密度，每平方米保持在2.5万～3万条为宜。

（5）成蚓期的饲养管理　挑选部分成蚓更新原有繁殖群体。同时，分批提取利用或进一步降低养殖密度。每隔5～15天清粪、取茧、倒翻料床和补料1次。仍用下投法补料。此期应保证良好的饲料、湿度、通气黑暗等条件。

6 蚓粪的清理

(1) 清粪

1) 清粪的目的有三。一为减少饲床的堆积物；二为清除环境污染；三为收获产品。

蚯蚓粪一般在表面下15cm范围内。当床内饲料已全部粪化，即可清除。

2) 清粪方法。

① 除芯法。当蚓床达40cm高度时，表面饵料已粪化，此时补料1次，隔2~3天后，大部分蚯蚓已进入表层活动，把表层15~20cm厚的饵料连同蚓蚓迅速刮至两侧，剩下的芯部蚯蚓很少，随即将芯部除去，再将刮下的表层连同蚯蚓归还原处。

除去的芯部如果蚓茧很多，可另放一处孵化，也可风干到含水量为40%左右时，将蚓粪筛去一部分，把蚓茧较多的部分另放一处孵化。

② 刮粪法。当采用下投料时，将置于新饵料上部的已粪化饵料，利用光照用刮板将蚓粪层层刮下，以见到新饵料为止，蚯蚓被光照驱向新饵料层。刮下的蚓粪与除芯法相同处理。

③ 侧诱法。此法与侧投料相结合，当大部分蚯蚓进入两侧新料床时，将原料床的蚓粪、蚓茧一并除去，然后把两侧饵料合拢到原床位。

若除去的蚓粪中残存蚯蚓较多，可先用工具扒松，辅以光照，将蚯蚓分出。剩下的茧及蚓粪可放置别处孵化，也可筛去部分蚓粪后，再孵化。

(2) 蚓体与蚓粪的分离

1) 早期幼蚓的分离。用蚓蚓喜食高湿度的新鲜饵料来诱集。

2) 后期幼蚓、成蚓和繁殖蚓的分离。用机械和光照及逐层刮取法分离。即用铁爪子扒松饵料，辅以光照，蚯蚓往下层钻，再逐层刮取残剩饵料及蚓粪，最后获得蚯蚓团。

二 水丝蚓的人工养殖

水丝蚓是许多特种水产养殖对象苗种阶段极好的活饵料，用于养殖培育的效果比人工配合饲料要好。水丝蚓广泛分布在淡水水域，污水沟、排水口、江河等码头附近特别多，有的地方每平方米可达0.45kg。黄鳝育苗规模小的可以通过人工收集水丝蚓，育苗规模大，水丝蚓用量多、收集不方便的地方，可开展人工养殖。水丝蚓池养、田养均可，但以池养产量最高，每亩年产量可达750～1 000kg。

水丝蚓一年四季都可繁殖。其繁殖是通过雌雄同体异体受精的方式来进行的。每年7～9月繁殖最快，其生长、繁殖适温范围为20～32℃，适宜水深3～5cm，要求水质清新、溶氧丰富，pH以5.6～9为宜，养殖池最好保持微流水。在适宜的环境下，水丝蚓每天繁殖量以整倍数进行，一般下种30天左右即可采收。

以下介绍水丝蚓常见种类及养殖方法。

1 选种

水丝蚓是水栖寡毛类中的一大类群，又名水蚯蚓，俗称红线虫、沙虫子、丝蚯蚓等。应当选择当地的优势种类作为人工养殖的对象，一般选用的有深栖水丝蚓、正颤蚓、指鳃尾盘虫、叉形管盘虫及苏氏尾鳃蚓等5种，其形态特征及生产性状如下。

（1）深栖水丝蚓　活体长约10～15mm、体宽0.75mm，体重5.78mg。蚓体由50～70个体节组成，口前叶呈圆锥形，全身只有钩状刚毛，体前端7～8条一束，中部减为3～4条一束，最末端只有1～2条一束。生殖环带在第11～12节。本种对生活环境的适应能力极强，其产量居上述5种之首，秋、冬、春三季均能高产，仅高温季节的7、8、9月稍差。深栖水丝蚓的群体产量占水丝蚓全年总产量的60%以上，是最适合人工养殖的当家品种。

（2）正颤蚓　活体长约20～30mm、体宽1mm，体重6.76mg。蚓体分60～80节，口前叶为钝锥形，背腹刚毛始于第2节。身体前端背面每束刚毛由1～3条发状刚毛和3～5条针状刚毛组成，向后则发状刚毛逐渐减少直至全部消失，针状刚毛也逐渐减少但不消失。环带在第9～12节上。本种在周年各月的产量相对最为稳定，秋冬季（10～12月）略高，可以认为它是一个更喜低温的种类。正颤蚓的群体产量占水丝蚓全年总产量的20%左右，是生产中的一个主要品种。

（3）指鳃尾盘虫　单体长约5mm，因能进行无性分裂繁殖，所以连芽体长度在内可达6～12mm，体重5.06mg。体分9～26节，无吻，身体大部分呈血红色。背刚毛自第11节开始，每束针状、发状各1条。尾鳃盘较体为宽，具鳃4对。环带在第5节上。本种在高温的7、8、9月这3个月的生长与繁殖速度最快，产量所占的比例也大，而在其他月份则较低。可认为它是偏爱高温的种类，在生产中有重要的接茬互补作用。其群体产量约占水丝蚓全年总产量的10%上下。

（4）叉形管盘虫　体长约25mm、宽0.5mm，体重1.42mg。有体节18～25个。口前叶圆形，背刚毛自第5节开始。尾鳃盘漏斗状，腹侧有两根“触须”，具鳃3～4对。环带位于第5～8节上。本种的生态特点与指鳃尾盘虫相似，在高温季节其产量比重大，其他月份则显著减少，也是喜高温的种类。尽管其群体产量只占水丝蚓全年总产量的5%以下，但在生产中同样起接茬互补作用。

（5）苏氏尾鳃蚓　水丝蚓家族中个体最大的一种，体色淡红至深紫色，活体长达150mm以上，宽1～1.25mm，体重50.55mg。尾部每个体节有1对丝状鳃（整条蚓至少有60对以上）。口前叶锥形，背刚毛自第2节开始，环带在第9～12节上，呈隆肿状。本种的群体产量所占水丝蚓的年总产量不足5%。

2 建池

水丝蚓和其他水生动物一样离不开水，所以养殖池应建在有水源保证的地方。实践证明，城郊生活污水沟旁的零星空地、热电厂排水沟边、小溪河旁、水库坝下、鱼（种）场（站）的渗漏水集散地都是建池的好地方。蚓池宜建成长条形，长10～30m，宽1～1.2m，深0.2～0.25m，这样的养殖池便于精养细管并获得高产。池埂最好用0.25m宽的条石砌成，也可用砖和水泥等建材构筑，以方便饲养管理人员行走踩踏。池底最好铺上石板或打上“三合土”（硬底池可不处理）。要求蚓池有0.5%～1%的坡度，并在较高的一头设进水沟和进水口，较低的一头设排水沟和排水口，进、排水口均需安装栏栅，以防鱼类、螺等生物敌害闯入。注意，蚓池要有一定的长度，否则，投放的饲料、肥料很大部分会被流水带走。如果受场地限制无法建成长条池时，可因地制宜建成曲流形、环流形池等。

❸ 培养基制作

制作优质培养基，不仅能为水丝蚓提供良好的生活、生长、繁殖环境，而且是缩短产品采收周期从而获得高产的又一技术关键。培养基的底料可选用富含有机质的污泥，如鱼池底部的淤泥、稻田肥泥、污水沟边的黑泥等，掺进适量的疏松物（甘蔗渣等）、有机物（牛粪等）即成。向蚓池装填培养基的程序是：先在池底铺垫一层甘蔗渣或其他富含糖分的纤维物，用量为 2～3kg/m^2。随即铺上一层污泥，使其总厚度达到 10～12cm，加水淹没基面浸泡 2～3 天后施基肥，可用猪、牛、鸡粪用量为 10kg/m^2。接蚓种前再在表面铺一层厚约 3～5cm 的污泥，撒上一薄层经发酵处理的麸皮、米糠、玉米粉等混合饲料，用量为 150～250g/m^2。最后加水，使培养基面上有 2～5cm 的水层。这时就可引来水丝蚓种子进行接种了。

❹ 引种与接种

水丝蚓对环境的适应能力较强，所以在引种时间上没有十分特殊的要求，我国南方地区几乎一年四季都可引种接种，北方地区则应在水温达到 10℃以上时引种培育。通常以春季和初夏引种培育的当年产量较高。

水丝蚓的种源我国各地都不缺乏，不必去异地长途采运。一般来说，大城市内的明沟暗渠、城镇近郊的排污沟、排污口、港湾码头和禽畜饲养场及屠宰场、皮革厂、制糖厂、食品厂等的废水坑凼等处，天然水丝蚓比较丰富，可以就近采种。注意用作种子的水丝蚓不必淘洗得很干净，可连同部分泥、渣一起运回，下种时适当折算成纯蚯蚓就行，因为淘洗不仅损伤蚓体，而且会把大量的蚓卵（卵茧）也洗掉了。各地所产的天然水丝蚓种类可能不完全相同，但都是当地的优势种群，具有适应当地自然环境条件的生物学特性，适合作为人工养殖的对象。大面积养殖的就是前述 5 个主要蚓种。

接种工作就是把采运回来的蚓种均匀地撒在蚓池的培养基面上。接种量的大小与蚓产量的高低及距第一次采收日期的短长成正相关。试验结果表明，以 500～750g/m^2 的接种量较为经济、合理。在水温 25～28℃的自然条件下，接种 30 天后测定，每平方米培育池的日产蚓量可达500g左右。

5 饲料与投料

水丝蚓特别爱吃具有甜酸味的粮食类饲料，禽畜粪肥、生活污水、农副产品加工后的废弃物也是它们的优质饲料。但是所投饲料（尤其是粪肥）预先应充分腐熟、发酵，如果让其在蚓池内发酵产生高热便会“烧死”蚓卵与幼蚓。其中粪肥可按常规在坑凼里自然腐熟；粮食类饲料在投喂前16～20h加水发酵，在20℃以上的室温条件下拌料。方法是：加水混合，加水量以手捏成团、丢下即散为度，然后铲拢成堆、拍打结实后，盖上塑料布。如果室温在20℃以下时，需加酵母片促使其发酵，用量是每1～2kg干饲料加1片左右。例如，在头天下午3：00～4：00拌料，第二天上午即能发酵熟化。揭开塑料布有浓郁的甜酸酒香味即证明可以喂蚓了。

要使水丝蚓繁殖快、产量高，必须定期投喂饲料。接种后至采收前每隔10～15天，每亩应追施腐熟粪肥200～250kg；自采收开始，每次收后即追施粪肥300kg左右，粮食类饲料适量，以促进水丝蚓快繁速长。投喂肥料时，应先用水稀释搅拌，除去草渣等杂物，再均匀泼洒在培养基表面，切勿撒成团块状堆积在蚓池里。投料前要关闭进水口，以免饲料漂流散失。

6 擂池与水体管理

这是饲养管理绝对不能缺少的一个环节。方法是用“T”形木耙将蚓池的培养基认真地擂动1次，有意识地把青苔、杂草擂入泥里。擂池的作用，一是能防止培养基板结；二是能将水丝蚓的代谢废物、饲（肥）料分解产生的有害气体驱除；三是能有效地抑制青苔、浮萍、杂草的繁生；四是能经常保持培养基表面平整，有利于水流平稳畅通。水深调控在3～5cm比较适宜。早春的晴好天气，白天池水可浅些，以利用太阳能提高池温，夜晚则适当加深，以利保温和防冻；盛夏高温期池水宜深些，以减少阳光辐射，最好预先在蚓池上空搭架种植藤蔓类作物遮阴。太大的水流不仅会带走培养基面上的营养物质和卵茧，还会加剧水丝蚓自身的体能消耗，对增产不利。但过小的流速甚至长时间的静水状态又不利于溶氧的供给和代谢废物等有害物质的排除，从而导致水质恶化、蚓体大量死亡。实践表明，每亩养殖池每秒钟有 0.005～0.01m^3（5～10kg）的流量就足够了。水丝蚓对水中农药等有害物质十分敏感，所以工业废水、刚喷洒过农药的田水或治疗鱼病的含药池水都不能进入水丝蚓培育池。

7 采收与分离

水丝蚓的繁殖能力极强，孵出的幼蚓生长 20 多天就能产卵繁殖。每条成蚓 1 次可产卵茧几个到几十个，一生能产下 100 万～400 万个卵。新建蚓池接种 30 天后便进入繁殖高峰期，且能一直保持长盛不衰。但水丝蚓的寿命不长，一般只有 80 天左右，少数能活到 120 天。因此及时收蚓也是获得高产的关键措施之一。采收方法可采取头天晚上断水或减小水流量，造成池内缺氧，此时的水丝蚓群聚成团，漂浮水面。第二天一早便可很方便地用聚乙烯网布做成的小抄网舀取水中蚓团。每次蚓体的采收量以捞光培养基面上的“蚓团”为准。这种采收量既不能影响其群体繁殖力，也不会因采收不及时导致蚓体衰老死亡而降低产量。

为了分离水丝蚓，可把一桶蚓团先倒入方形滤布中在水中淘洗，除去大部分泥沙，再倒入大盆摊平，使其厚度不超过 10cm，表面铺上一块罗纹纱布，淹水 1.5～2cm 深，用盆盖盖严，密闭约 2h 后（气温超过 28℃时，密闭时间要缩短，否则会闷死水丝蚓），水丝蚓会从纱布眼里钻上来，揭开盆盖提起纱布四角，即能得到与残渣滓完全分离的纯水丝蚓。此法可重复 1～2 次，把渣滓里的水丝蚓再提些出来。盆底剩下的残渣含有大量的卵茧和少许蚓体，应倒回养殖池继续让其孵化生长。

8 暂养与外运

若当天无法用完或售尽，应将水丝蚓暂养。每平方米池面暂养水丝蚓 10～20kg，每 3～4h 定时搅动分散 1 次，以防其结集成团缺氧死亡。需长途运输，且途中时间超出 3h 以上时，应用双层塑料膜的氧气袋包装，每袋装水丝蚓不超过 10kg，加清水 2～3kg，充足氧气。气温较高时袋内还需加适量冰块，确保安全抵达目的地。冰块可用小塑料袋装盛，并扎紧袋口后放置四周。

三 蝇蛆的培育

蝇蛆也是黄鳝喜食的饲料，培育1kg鲜蛆的成本为0.50元左右。在常温下，从孵化到提取蝇蛆约需4天。据测定，鲜蛆含粗蛋白质12.9%，粗脂肪2.61%，并含有鱼类所必需的氨基酸、维生素和无机盐。因此，无论直接投喂或干燥打成粉、制成人工颗粒饲料投喂均可。

1 蝇蛆的来源

可向一些已引进家蝇的单位购买。

2 蝇蛆的生活习性

家蝇在室温22～32℃及相对湿度60%～80%时，蛹经过3天发育，由软变硬，由米黄色、浅棕色、深棕色变成黑色，最后成蝇从蛹的前端破壳而出。刚爬出的成蝇，1h后即展翅飞翔。成蝇3天后性成熟，6～8日龄为雌蝇产卵高峰期，到15日龄基本失去产卵能力。蝇卵经0.5～1天孵化成蛆，蛆在猪、鸡粪中培育，一般第5天变成蛹。

3 蝇蛆培育场地

被遗弃的禽、畜养殖房，旧保管室均可，但门窗必须关闭严实，光照要理想。

4 饲养种蝇设施

用长、宽、高分别为70cm、40cm、10cm的敞口盒状容器，作蝇蛆培养盘。另需准备竹制（或木制）多层蛆盘存放架、羽化缸、蝇笼、普通称料秤、拌料盆等。

5 种蝇饲养管理的要点

1）将蝇蛹用清水洗净，消毒，晾干，盛入羽化缸内，每个缸放置蛹5 000粒左右，然后装入蝇笼，待其羽化。这样，每只蝇笼的家蝇数量即可控制在5 000只左右。

2）待蛹羽化（即幼蛹脱壳而出）5%左右时，开始投喂饵料和水。

3）种蝇的饵料可用畜禽粪便、打成糨糊状的动物内脏、蛆浆或红糖和奶粉调制的饵料。如果用红糖奶粉饵料，每天每只蝇用量按1mg计算。室温在20～30℃时，可一次投足，超过此温度时分2次添加，饵料厚度以4～5mm为宜。

4）种蝇开始交尾后2天内，将产卵缸放入蝇笼。

5）接卵料采用麦麸加入0.01%～0.03%的碳酸铵溶液调制，湿度控制在65%～75%，混合均匀后盛在产卵缸内，装料高度为产卵缸的2/3，然后放入蝇笼，集雌蝇入缸产卵。每天收卵1～2次，每次收卵后将产卵缸中的卵和引诱剂一并倒入培养基内孵化。

6）每批种蝇饲养20天后即行淘汰。其方法是移走饵料和水，约3天种蝇即被饿死。

7）淘汰种蝇后的笼罩和笼架，应用稀碱水溶液浸泡消毒，然后用水洗净晾干。

8）为达到均衡生产种蝇的目的，应分级饲养，分批淘汰，及时补充。

6 蝇蛆的饲养管理

1）培养基的选择。蝇蛆以发酵霉菌为食料，麦麸是较好的发酵霉菌培育材料，将麦麸加水拌匀，使其湿度维持在70%～80%，放入培养盘。再将卵粒埋入培养基内，让其自行孵化。一般每只盘可容纳麦麸3.5kg。

2）按每只盘平均日产蛆0.5kg，设计好培养盘的数量。

3）放卵量的计算。卵粒重0.1mg，2g卵约2万个孵粒，可产鲜蛆0.5kg，1个培养盘约可置卵8g。

4）随着蛆的生产和麦麸的发酵，盘内温度逐步上升，最高可达40℃以上，这会引起蝇蛆死亡，因此要注意降温。

第六章
黄鳝人工养殖的经营管理

黄鳝养殖是一项技术性较高的产业，只有重视各个养殖关键环节方能获得良好的经济效益。提高人工养殖的首要关键是必须熟悉黄鳝不同于其他水产养殖品种的特殊生态特点，规避养殖风险；再则便是根据黄鳝的特点按照市场运行规则产生综合经济效益，这样方能立于不败之地而获得不断提高的经济效益。为此列举以下几点，供养殖者根据自身条件参考，更重要的是应在养殖中不断总结经验，举一反三，提高养殖技术和经营水平。

一　信息的收集和利用

信息收集的分析和利用是搞好养殖、提高经济效益的重要方法。例如，根据消费能力和消费习惯的变化，及时组织生产不同规格、不同质量的黄鳝及混养品种；了解各地市场需求和价格获得不同地区差价；根据不同季节、不同时期消费习惯，预先暂养，获得季节时间的市场差价；根据不同客户，如宾馆要求、出口规格要求、一般家庭要求等，获得分类规格销售的差价等。当然应预先了解相关数量、运输、集中暂养能力等配套要求，例如，出口贸易的各级中间商需要有相应规格的数量、交货时间的要求，否则会因一定规格黄鳝的数量达不到要求而失去商机。另外，及时获得先进技术便能提高养殖水平。

从产品销售来讲，要全面掌握市场规模，销售量及其变化规律。

（1）进行产品调查　主要包括市场需求的规格和数量及其质量要求。

（2）销售调查 主要对黄鳝市场特点、消费者的购买行为和方式的调查，包括：① 销路调查。黄鳝销路渠道非常多，是一种畅销水产品，除了各种商业部门、超市、水产品交易市场、农贸集市等，可积极突破旧市场，开拓新市场，建立“多渠道、少环节”的销售渠道，以获得较高的利润。根据不同情况，可与有信誉的个体商贩、宾馆饭店等直接订立销售合同或自办销售点直接销售；② 销售实践调查；③ 竞争调查。包括产品竞争能力、与相关产品（如肉、鱼、虾等）的竞争能力；以及开拓新市场的调查，防止因盲目进入新市场而造成损失。

二 无公害生产养殖

目前，为降低或防止养殖环境污染，药物滥用等，造成水产品中有害物质积累，对人类产生毒害。所以，无公害渔业特别强调水产品中有毒、有害物质的残留检测。

总之，“无公害渔业”应是一种健康渔业、安全渔业、可持续发展的渔业，同时也应是经济渔业、高效渔业，它必定是世界渔业的发展方向。“无公害渔业”既是传统渔业的一种延续，更是近代渔业的发展。

因此，进行无公害黄鳝养殖是商品黄鳝市场准入的要求，是维护环境安全、人民健康的要求，同时，无公害和各级绿色食品的市场价格明显地高于一般食品。所以，进行黄鳝无公害养殖是降低成本、提高养殖经济效益的重要途径。

1 无公害生产基地的建立和管理

要进行无公害水产品生产，不仅应建立符合一系列规定的无公害水产品基地，而且要有相应的无公害生产基地的管理措施，只有这样，方能保障无公害生产顺利进行，生产技术和产品质量不断提高，其产品才能有依据地进入国内外相关市场。

无公害农副产品生产基地的建立还刚刚开始，其管理方法也一定会随无公害生产科学技术的发展及市场要求而不断完善和提高。下面将无公害黄鳝养殖基地管理的一般要求列举如下，以供参考。

1）无公害黄鳝养殖基地必须符合国家关于无公害农产品生产条

件的相关标准要求，使黄鳝中有害或有毒物质含量或残留量控制在安全允许范围内。

2）黄鳝无公害生产基地，是按照国家以及国家农业行业有关无公害食品水产养殖技术规范要求和规定建设的，应是具有一定规模和特色、技术含量和组织程度高的水产品生产基地。

3）黄鳝无公害生产基地的管理人员、技术人员和生产工人，应按照工作性质的不同需要熟悉、掌握无公害生产的相关要求、生产技术以及有关科学技术的进展信息，使无公害生产基地生产水平获得不断发展和提高。

4）基地建设应合理布局。做到生产基础设施、苗种繁育与食用黄鳝等生产、质量安全管理、办公生活设施与无公害生产要求相适应。已建立的基地周围不得新建、改建、扩建有污染的项目。需要新建、改建、扩建的项目必须进行环境评价，严格控制外源性污染。

5）无公害生产基地应配备相应数量的专业技术人员，并建立水质、病害工作实验室和配备一定的仪器设备。对技术人员、操作人员、生产工人进行岗前培训和定期进修。

6）基地必须按照国家、行业、省颁布的有关无公害水产品标准组织生产，并建立相应的管理机构及规章制度。例如，饲料、肥料、水质、防疫检疫、病害防治和药物使用管理、水产品质量检验检测等制度。

7）建立生产档案管理制度。对放养、饲料、肥料使用、水质监测、调控、防疫、检疫、病害防治、药物使用、基地产品自检及产品装运销售等方面进行记录，保证产品的可追溯性。

8）建立无公害水产品的申报与认定制度。例如，首先由申请单位或个人提出无公害水产品生产基地的申请，同时提交关于基地建设的综合材料；基地周边地区地形图、结构图、基地规划布局平面图；有关资质部门出具的基地环境综合评估分析报告；有资质部门出具的水产品安全质量检测报告及相关技术管理部门的初审意见。通过专门部门组织专家检查、审核、认定，最后颁发证书。

9）建立监督管理制度。实施平时的抽检和定期的资格认定复核和审核工作。规定信誉评比、警告、责令整改直至取消资格的一系列有效可行的制度。

10）申请主体名称更改、法人变更均须重新认定。

虽然无公害养殖生产基地的建立和管理要求比较严格，但广大养殖户可根据这些要求，首先尽量在养殖过程中注意无公害化生产，使产品主要指标，如有毒有害物质残留量等，应达到无公害要求。

2 无公害黄鳝产品的质量要求

国家和各级地方政府对无公害水产品制定公布了一系列相关的监测标准。只有按规定通过抽样检测，符合无公害黄鳝产品质量要求的产品才准许进入市场销售。

无公害黄鳝产品的安全卫生指标，见表6-1、表6-2中的要求。

应注意的是，在黄鳝捕捞、装运、储存、异地暂养过程中使用的工具、容器、水、暂养环境等必须符合无公害要求，以免合格产品受污染。

表6-1　水产品中有毒有害物质限量　　（单位：mg/kg）

项　目	指　标
汞（以Hg计） 甲基汞（以Hg计） 砷（以As计）	≤1.0（贝类及肉食性鱼类） ≤0.5（其他水产品） ≤0.5（所有水产品） ≤0.5（淡水鱼） ≤0.5（其他水产品）
无机砷（以As计）	≤1.0（贝类、甲壳类、其他海产品）
	≤0.5（海水鱼）
铅（以Pb计）	≤1.0（软体动物）
镉（以Cd计）	≤1.0（软体动物）
	≤0.5（甲壳类）
	≤0.1（鱼类）
铜（以Cu计）	≤50（所有水产品）
硒（以Se计）	≤1.0（鱼类）
氟（以F计）	≤2.0（淡水鱼类）

（续）

项　　目	指　　标
铬（以 Cr 计）	≤2.0（鱼贝类）
组胺	≤100（鲐鲹鱼类）
	≤30（其他海水鱼类）
多氯联苯（PCBs）	≤0.2（海产品）
甲醛	不得检出（所有水产品）
六六六	≤2（所有水产品）
滴滴涕	≤1（所有水产品）
麻痹性贝类毒素	≤80（贝类）
腹泻性贝类毒素	不得检出（贝类）

表 6-2　水产品中渔药残留限量　（单位：μg/kg）

药物类别		药物名称	指　　标
抗生素类	四环素类	金霉素	≤100
		土霉素	≤100
		四环素	≤100
	氯霉素类	氯霉素	不得检出
磺胺类及增效剂		磺胺嘧啶	≤100（以总量计）
		磺胺甲基嘧啶	
		磺胺二甲基嘧啶	
		磺胺甲噁唑	
		甲氧苄啶	≤50
喹诺酮类		噁喹酸	≤300
硝基呋喃类		呋喃唑酮	不得检出
其他		己烯雌酚	不得检出
		喹乙醇	不得检出

三　规模化的生产管理

为了不断提高生产水平，应根据不同生产内容和生产规模建立有效的生产管理制度。

建立和健全各项生产管理制度，是保证各项技术措施的实施的重要条件，生产管理制度主要包括：

1 建立和健全数据管理和统计分析制度

原始记录和统计工作要做到准确、全面、及时、清楚，为了解生产情况、判断生产效果、调整技术措施、分析生产成本、总结生产经验、进行科学预测和决策提供依据。

做好数据管理工作，主要是建立养殖水域档案，内容包括：苗种放养日期、品种、数量、规格；投饵施肥日期、数量、品种；捕捞日期、品种、数量等日常管理情况。全年的生产实绩的统计分析要落实到每只鱼池，总结产量高低，病害轻重的经验教训，以便为第二年调整技术措施、改进养殖方法、加强饲养管理提供科学依据。

2 建立考核评比制度

为做好考核评比工作，必须正确制定考核指标，包括物质消耗和生产成果，对生产实绩进行全面考核，评价生产中的实际效益和存在问题，是生产管理中的重要工作。

技术管理是指对生产中的一切技术活动进行计划、组织、指挥、调节和控制等方面的管理工作。技术管理的基本内容包括搜集、整理技术情报，管理技术档案；贯彻执行技术标准与技术操作规程；搞好技术培训工作；推广应用水产养殖新技术、新产品、新工艺等。

尽管生产管理与技术管理有各自的管理对象，但它们之间是相互依存、相互促进的。因此，只有做好生产技术方面的组织和管理工作，才能提高水产养殖的生产技术水平，取得更好的经济效果。

做好产品销售管理，不仅是实现养殖场生产计划的重要条件，也是提高养殖场经济效益的重要途径。在产品销售管理工作中，必须注意以下几方面。

1）掌握好产品销售时机，注意发挥价值规律的作用。水产品价格放开后，市场调节对水产品的销售起着重要的作用，水产品的价格是随行就市，按质论价，因此，要充分发挥价值规律的作用，运用市场需求原理、价格理论，掌握好水产品的销售时机，争取有一个好的卖价，这样才能既增加销售数量，又增加销售收入。

2）注重水产品的质量，提高其价值。水产品是鲜活商品，具有易腐性，相同数量的水产品，鲜活程度不同，售价差异很大，随着人们生活水平的提高，对水产品的质量要求也随之提高，从黄鳝来说，包括黄鳝的品种、体色、规格大小、肉质口感、有无土腥味、绿色产品级别和信誉品牌等。近城镇的水产养殖场，应在城镇设立鲜活黄鳝的销售门市部，对需要远距离销售的，要做好运输过程中的保鲜工作。

3）做到以销定产，以销促产。产与销是相互依存的，既能相互促进，也能相互制约，因此，要做到一手抓生产，一手抓销售，自觉地根据市场行情变化，适时调整养殖品种和规格，调整上市时间，注意市场变，我也变，产品围绕市场转。

4）做到水产品均衡上市。水产品均衡上市不仅能满足人们的生活需要，而且有利于加速资金周转和增加销售收入，提高养殖场的经济效益。

5）采取多种形式，拓宽产品销售渠道，如与大中型工矿企业、超级市场、宾馆饭店和集贸市场菜场挂钩等。总之，要做好产品销售服务工作，促进生产发展。

6）除了提供鲜活产品之外，还可开发各类加工产品，如去骨的方便食品，旅游食品等，也包括城市中的餐饮加工及加工产品的综合利用，以求扩大市场，增加产品附加值。

7）做好销售准备工作。根据本场的生产实际，制订销售计划并准备相关的暂养设施、包装、运输等产销衔接工作。

重视种苗选择、暂养、运输和放养的管理工作，任何环节的失误，将使生产计划落空。

四　饲料的配套实施

1 留足饲料费用

2 饲料准备

建立黄鳝养殖场，必须预先进行动物性饲料的配套，做到按饲定产，例如，蚯蚓养殖场，鱼肉来源配套等。黄鳝人工养殖应用配合饲料时必须有一定量的动物性饲料相配套，方能使黄鳝正常生长，否则会影响黄鳝的增重生长，从而影响产量，甚至影响成活率。

3 活饵料的引诱

黄鳝、泥鳅喜食活饵料，可利用灯光、堆肥、腐败物等引诱昆虫、蠕虫、蝇蛆等作为活饵料。在黄鳝、泥鳅生长旺盛的夏秋季节可用灯光引诱四周昆虫。具体做法如下，在养殖池上方安装 3 盏 30W 紫外灯或 40W 黑光灯，分上、中、下 3 个位置排列。上部的灯应高出堤埂 1～2m，以引诱池外较远处昆虫。其余的 2 盏灯起着上、下传递以便昆虫落入水中的作用。最下方灯距水面约 0.3m；中间的 1 盏略高。这样的设置，诱虫范围可达 2～3 亩。先开最上方的灯，待昆虫聚集，便可开第 2、第 3 盏灯，关闭最高处灯，如此反复。入夏后，随着气温、水温升高，各种昆虫也不断增多，通常晚上 8：00～10：00 诱虫量最多。据测试，8 月每晚可诱虫 5kg。往往到半夜之后昆虫渐少，为节约用电，此时可关灯。一般每晚开灯约 6h，耗电约 0.5～0.7 度。为防止漏电，诱虫灯应安装防雨装置，使用防水开关，雨天关闭电灯。平时经常检查线路，发现问题及时维修，不能裸线，保证用电安全。

五　综合养殖和综合经营的实行

要因地制宜地积极开展多种经营，把生产周期长短不同的生产项目结合起来，做到全年各个时期都有收入；生产上要改革养殖制度，实行立体养殖、综合养殖、生态养殖、轮捕轮放，以减少在产品资金上的占用。如黄鳝按种、养等综合养殖方式进行。现举例养猪、养鸡等—葡萄—蚯蚓、蝇蛆—沼气的方式。养殖黄鳝的池塘除

第一章
第二章
第三章
第四章
第五章
第六章
第七章

用水葫芦外，在外覆遮阳网或建葡萄架用来盛夏降温，其中以后者效果更好，因为葡萄的生长期正好与鳝塘需要的降温期相符合，而且不影响该季节前后的阳光对池塘的加温作用，从而形成一种生态遮阴。建造方法是，首先培育30cm左右的葡萄苗，再将该苗以1棵/m^2的密度种植在池周，预先在池上建造葡萄架（可以用水泥柱和铁丝建造成网格状葡萄架）。池塘中生长多余的水葫芦可以与牛粪、猪粪一起培育蚯蚓；同时也可以将水葫芦覆盖葡萄根，有利于葡萄生长并有利于土中蚯蚓增殖。另外，猪粪、鸡粪可预先经EM发酵培育无菌蝇蛆，蝇蛆经高锰酸钾溶液或盐水消毒后作为动物饲料。培育过蝇蛆的粪料中尚有少量蝇卵和蝇蛆，该粪料可以作为沼气池料发酵产生大量沼气，用作燃料，沼气池中的沼料可作为肥料，用于葡萄植株的施肥。由于沼料中含有促进植物生长的天然激素，有利于植物生长、葡萄结果，减少病虫害发生。蝇蛆或蚯蚓作为动物性饲料投喂黄鳝约3.5kg可产500g黄鳝，前述方法培育蝇蛆约合成本0.5元/500g，所以，3.5元成本产500g黄鳝，而且上述葡萄产量约1 500kg/亩，加上猪、沼气等效益，这是一种良好的生态种养方法。为便于管理，上述葡萄架高度宜建得高些，葡萄植株一般15年内不需要更换，所以上述的生态遮阴棚更为节能。

要以黄鳝为主，把种植业、畜禽饲养业等有机结合起来，促进动、植物之间互为条件，进行物质良性循环的综合利用。并在此基础上，积极创造条件，开拓经营范围，实行渔、农、牧、副、工、商的综合经营。实践证明，实行综合经营的生态效益、经济效益和社会效益都是比较好的，不仅为社会提供多种副食品和其他产品，而且降低黄鳝的生产成本，提高养殖场的经济效益；不仅为国家增加税收，而且为地方增加收益。

六 黄鳝人工养殖的市场前景

黄鳝是淡水经济鱼类，营浅水底栖生活，多栖息于稻田、沟渠、池塘等浅水水域。我国南方，一直将黄鳝视作上等菜肴，江、浙一带素有“无鳝不成席”的说法，其肉质细嫩，味道鲜美，营养丰富，且具药用保健功能，深受国内外消费者喜爱。黄鳝被开发成多种加工食品，已成为餐桌和酒席上的高档菜肴。

在我国，黄鳝多产于天然淡水水域。由于国内外市场需求量上升，捕捞量不断增加，农田耕作制度的改变和农药的大量使用，其自然资源量锐减，产量日趋下降，市场供不应求，价格逐年上升。为了满足市场需求，除了加强天然资源保护、进行环境无公害整治、实施天然资源增殖外，开展黄鳝人工养殖是一条必须和有效的途径。

黄鳝具有耐缺氧、生活能力强、食性杂、浅水底栖等优良的养殖生物学特点，适宜庭院养殖、池塘养殖、稻田养殖、网箱养殖、工厂化养殖等多种集约化养殖方式，并能与多种水产品种进行混养，具有占地面积、占水域水体小，养殖技术较简单，管理、运输方便，成本低，经济效益显著等优点，其巨大的养殖价值正越来越为人们所认识。

黄鳝人工养殖是近年来逐步兴起的一项产业，已涌现出许多成功的养殖新方法和经济效益显著的实例，是值得大力发展的产业。由于黄鳝养殖的生物学特点与一般家鱼有区别，也不能盲目进行，所以，在开展黄鳝养殖之前，除了应熟悉黄鳝生物学特点及其养殖技术、经济运作方法之外，还可以借鉴各地黄鳝养殖的成功经验，并结合自身条件进行黄鳝养殖。

第七章
黄鳝人工养殖实例

一 人工繁殖实例

实例1-1　黄鳝仿自然繁殖

江西余干县吴仕根等根据黄鳝的生活和繁殖习性，模拟黄鳝的自然环境，在2006~2007年对黄鳝进行了仿自然繁育试验，获得初步成功，现将两年来黄鳝繁育技术总结如下。

1 材料与方法

（1）繁育池的设置　在长80m、宽30m的池中，四周用土堆成宽约80~100cm、中间堆成4条宽60~80cm的土埂并夯实，土埂均高出水面20cm以上。土埂土质为壤土，以便黄鳝打洞、栖息、产卵受精及孵化。在中间的每条土埂一端留宽约80cm进出水口，相邻两池进出水口交叉。这样便形成了池池相通的5个繁育池，池周水深30~40cm，池中央水深80cm以上。繁育池设置好后，每亩用生石灰100~150kg化浆全池泼洒。

（2）产卵环境的设置　离土埂2m处，顺着土埂方向用竹或杂木打桩，桩间距2.5~3m，然后用毛竹或塑料绳做横栏。在横栏内种植水葫芦，面积为繁育池的1/3左右。水葫芦一可以调节水质；二可以在炎热季节和产卵季节降低水温，使水温稳定在30℃以下；三可以使亲鳝、鳝苗在其根系中生活。

（3）亲鳝的来源及选择　仿自然繁殖用的亲鳝，来自本地用笼捕捉的鄱阳湖野生黄鳝。亲鳝要求无病无伤，反应灵敏，游动活泼，雌鳝要求75g以下，雄鳝100g以上。

（4）亲鳝培育设施　亲鳝采用网箱培育，网箱规格为4m×2.5m×1.2m，网箱设置在已消毒的繁育池中央，设置时间为亲鳝放养前7～10天。在箱内种植水葫芦，亲鳝投放在5月初结束。

（5）亲鳝营养强化培育　网箱入池7～10天后，开始投放亲鳝，亲鳝投放密度为8～10尾/m^2。驯食采用蚯蚓和鱼糜；待吃食正常后，开始强化培育，饵料为鲜杂鱼和将黄鳝料拌维生素C、E绞成的鱼糜。每天投喂2次，清晨投喂1次，占日粮30%，黄昏投喂1次，占日粮70%。投喂量以2～3h内吃完为准。总之，以亲鳝吃饱、吃好、吃匀为原则。每隔5天在饵料中适量添加1次HCG或LRH-A_3；每隔7天在全箱泼洒HCG或LRH-$A_3$1次，促进未完全成熟的个体发育成熟，使群体达到同步产卵。

（6）性成熟亲鳝选择　经1个月左右的营养强化培育、催产素口服和浸浴后，每隔1～2天将笼子放入网箱中捕捞几尾黄鳝进行观察。性成熟雌鳝腹部膨大，卵巢轮廓明显，腹部橘红色，半透明，生殖孔红肿突出。腹壁观察，可见卵粒排列整齐。雄鳝头较大，用手轻挤压腹部能挤出少许精液。把选好性成熟的亲鳝按性比1∶1投放到繁育池，让其自主配组，产卵受精、孵化。

（7）鳝苗培育管理　黄鳝的受精卵在5～10天后陆续孵出鳝苗，刚孵出的鳝苗腹部有个较大的卵黄囊，7～10天后，卵黄囊消失，散开觅食。

1）施基肥。在繁育池消毒后，每亩施有机肥料（鹌鹑、鸭粪及人粪尿等）300kg。

2）施追肥。在鳝苗孵出的前5～7天，每隔3～4天，每亩用尿素1～2kg或50～100kg沤熟的人畜禽肥全池泼洒，培育浮游生物。

3）投饵。鳝苗食浮游生物1周后，开始投喂用开水烫过的鲜杂鱼拌鳝苗料绞成的鱼糜，多点散投到水葫芦根系上，每天投喂3～4次，以夜间投喂为主，待培育15天后，每天改投2次，清晨和黄昏各1次。

4）管理。鳝苗培育期间，视水质、水位情况不定期加注新水，保持水位在30～40cm；清除过多的水葫芦；每天早晚观察鳝苗的吃食情况，同时捞取水葫芦检查依附在根系中的鳝苗生长情况；用鳝笼捕捞已产卵的成鳝,以免争食和蚕食同类。

❷ 效果与分析

(1)黄鳝的人工孵化率　2006~2007年将收集的25窝卵采用室内脸盆静水无泡沫充气人工孵化。2006年受精卵1 425粒,经7~10天孵化,孵出鳝苗452尾,孵化率为31.72%。2007年改进孵化装置,充气流水孵化,受精卵2 055粒,孵出鳝苗1 103尾,孵化率为53.67%。

(2)黄鳝苗的成活率　鳝苗的成活率计算从受精卵开始到鳝苗出售结束,或通过测产来计算其成活率。2006年繁育的鳝苗,在2007年4~5月捕捞出售,规格42尾/kg,共计产量256kg、12 100尾,鳝苗成活率为34.57%。

2007年10月20~23日,余干县水产技术推广站组织科技人员对2007年黄鳝的仿自然繁育的鳝苗进行了测产。测产方法是:在繁育池随机抽样20个点,每点捞取0.5m的水葫芦,在其根系中寻找黄鳝苗。经统计,在长80m、宽30m的繁育池,总产鳝苗229 230尾,鳝苗成活率为74.91%。

❸ 结论与启示

1)黄鳝种群在产卵季节,由于个体发育不一致,产卵不能同步进行,持续时间长。利用网箱培育亲鳝,通过营养强化、催产素浸浴、口服催熟,促进黄鳝性腺发育成熟,促进种群同步发情产卵。产卵较集中,催熟率达到88.98%。

2)性成熟的黄鳝在人工模拟的自然环境中能自然配组产卵受精、孵化。且产卵率、受精率、鳝苗成活率较高,分别达到95.40%、95.11%、74.91%。

3)亲鳝选择时间。由于黄鳝具有“性逆转”特性,给亲鳝的选择增加了很大的难度,加之黄鳝生性胆小,若在繁殖期收购性腺发育成熟的黄鳝作为亲鳝,死亡率较高。如5月20日在市场上选择的15kg怀卵鳝,20天内死亡率达到85%以上(这一结果与网箱养鳝者提供的数据一致)。这可能是因捕捉和运输黄鳝应激强而造成。因此,亲鳝选择应在3月或4月非繁殖期进行。但非繁殖期的黄鳝雌、雄难以鉴别。选择的方法是凭体长来进行,35cm以下和35cm以上各选一半。

4)仿自然黄鳝繁育雌、雄性性比。在黄鳝繁殖盛期,人工选择催熟的亲鳝进行仿自然繁殖,雌、雄鳝搭配比例要恰当,应根据亲鳝性腺发育特点控制合适的性比,雌雄性比最好在1:(1~1.1)。同时,雌雄性个体大小不要悬殊太大,这样可以避免因大小悬殊而造成的同类相残。

实例1-2 黄鳝催熟繁殖

近年来,用中草药制剂对乏情母猪和花面狸催情取得了明显的效果。基于黄鳝的促性腺激素(GTH)可促进离体孕兔黄体细胞中的胆固醇转化为孕烯醇酮和黄体酮,而增加成熟雄鼠血浆睾酮水平,刺激一些依赖雄激素的参数,这表明黄鳝GTH可能与哺乳类GTH的分子结构非常相似,或者与哺乳类靶器官GTH受体系统有强的生物亲和力。为了提高黄鳝的受精率和孵化率,解决规模化繁殖苗种问题,王文彬等尝试采用中草药制剂对黄鳝催熟催产,进行半人工繁殖试验,取得了初步的成效,现总结如下。

1 材料与方法

(1)繁殖池的建造与准备 在湖南省安乡县泥鳅繁养技术推广中心基地选择一块600m的稻田,经改造作为黄鳝的繁殖池,分水泥池和土池。水泥池(作孵化池用)大小为2m×4m×1.5m,池中水深40~50cm,30%的水面有水葫芦,并保持经常有微流水。根据黄鳝的繁殖习性,土池模拟其自然条件下的产卵环境,在池内的四周和中间堆筑土埂(宽50cm、高出水面15cm、埂间距50cm、平行排列)供其打洞筑巢。繁殖池内栽培适量的油草和水葫芦等植物,以便黄鳝吐巢、交配和产卵。

(2)亲鳝的选择与培育 2006年4月初,从当地农民手里收购亲鳝,要求从池塘、湖汊及稻田沟渠中采用笼捕,无病无伤、反应灵敏、游动有力的野生深黄大斑鳝,在15天内收购齐备。雄鳝在体长35~50cm、体重50~150g/尾规格中选择(因其精子多、活力强,而体重200g以上的黄鳝精子少、活力弱),雌鳝在体长35~60cm、体重50~200g/尾规格中选择(因其怀卵量较大、成熟度好)。

挑选已基本性成熟的黄鳝240尾(性比为1:1)作为亲本,将雌、雄亲鳝分开放入池塘网箱内培育,网箱大小为3m×5m×1.5m,箱内水面的30%用水花生、浮萍和水葫芦遮阳，池中水位保持在50cm左右，并有微流水，保持水质清新。在繁殖季节前，投喂活蚯蚓、新鲜的螺蚌肉和小鱼虾等优质动物性饵料进行培育。

（3）亲鳝的催熟催产　试验用中草药制剂：Ⅰ号方剂为催熟剂，由巴戟天、熟地、肉苁蓉、菟丝子、淫羊藿、川牛膝等组成；Ⅱ号方剂为催产剂，由桃仁、川牛膝、三棱、莪术等组成。两组中草药方剂按中药君臣佐使的配伍原理配置而成，并打磨成粉，密封防潮装好备用。

在2006年5月中旬和8月上旬分2次进行，将雌、雄亲鳝按1∶1放在池塘的同一个网箱内，投放密度为1对/m^2。头2天不投食，至第3天后投喂少量蚯蚓诱食，连喂6天，以便定出每日食量。待吃食正常后，开始投喂中草药制剂催熟催产。用药时，先将药粉用开水冲拌成稀糊状，并加适量白糖。用粗针管注射器将药剂注入较大号的蚯蚓消化管内，再用纱线扎好蚯蚓两端不让药剂流出。将灌药的蚯蚓散放于食台上，按每日食量连续投喂Ⅰ号方剂7天，再投喂Ⅱ号方剂7天，每天早晚各1次。

（4）亲鳝的饲养管理　经药物催熟催产后，一部分仍留在池塘网箱内饲养繁殖，另一部分投放到模拟黄鳝自然繁殖条件改造的土池中，投放密度为1对/m^2。亲鳝入池后，水位加高到50cm，防止日间水温的急剧升高，不利于黄鳝的性腺发育。头2天不投食，至第3天后投喂少量蚯蚓，持续几天后直至吃食正常，之后改喂切碎的蚯蚓和螺蚌肉。繁殖池保持有微流水，使黄鳝处于良好的水质和水温之中。

每天密切关注池塘网箱和繁殖池中有无泡沫巢出现，一旦出现泡沫巢，则说明约再过3天左右雌鳝即会产卵，此间应保持环境安静，减少投食，以免惊扰。若发现洞口只有1条黄鳝探头呼吸，则说明雌鳝已产卵离去，仅留雄鳝守护。

（5）鳝苗的孵化培育　将鳝鱼卵连同泡沫巢从池塘网箱和繁殖土池中捞出放入专池孵化。孵化培育池中设置囤箱，用60目尼龙布制成长120cm×60cm×60cm的囤箱外加木框，四角钻眼，用70cm长的竹竿作支撑杆，使囤箱能升能降。孵化时，将囤箱底部上升到离水面10cm处，箱内用剪短根的水葫芦、浮萍遮盖1/3，以便仔鳝隐蔽、栖息。将卵及泡沫巢放到的水葫芦根部，每只囤箱盛放鱼卵200～500粒，用微流水孵化，保持水质清新、高溶氧。

出苗后，将囤箱降至底部离水面40cm左右深开始育苗，使它有更宽阔的活动场所。仔鳝孵出后(4～6天)，待卵黄囊消失，用细绢布包好熟蛋黄洗成蛋浆水，洒到水葫芦根部让仔鳝吃食，连喂3天；之后投喂水蚤等微小浮游动物。往后可喂水丝蚓、蝇蛆及切碎的蚯蚓、螺、蚌肉等。通过25～30天的培育，鳝苗体长为4～6cm时，即可转移成鳝养殖。

2 养殖效果

2006年5月18日和8月9日，两次应用自配的中草药方剂分别对60对黄鳝催熟催产进行半人工繁殖试验，具体繁殖效果见表7-1。

表7-1　中草药制剂催产黄鳝人工繁殖的效果

繁殖环境	日期(月.日)	催产亲本/对	平均水温/℃	效应时间/h	催产率(%)	产卵数/粒	受精率(%)	出苗数/尾	孵化率(%)
池塘	5.18	30	26	58	86.7	7 810	85	5 906	89.0
网箱	8.9	30	30	43	90.0	8 220	89	6 730	92.0
繁殖	5.18	30	28	76	90.0	8 240	89	6 820	93.0
土池	8.9	30	30	52	100	9 120	90	8 043	98.0

3 结论与启示

本实例通过收集野生亲鳝进行培育，在培育过程中，投喂自配的中草药方剂对亲鳝进行催熟催产；再按性比1:1投放到模拟自然环境的繁殖池中，能使黄鳝如在自然环境中吐泡筑巢、交配产卵；然后，将受精卵连同泡沫巢捞出，投入到孵化培育池中的囤箱内孵化育苗。此方法克服了雌雄比例难以平衡、性腺成熟难以达到同步、受精卵易沉于水底、致使受精率和孵化率较低的缺点；从而使得雌雄亲鳝在最短时间段内达到交配产卵，增加其在同一时间内产卵、排精的概率。使雌雄亲鳝产卵、排精集中且数量达到最大化，受精概率也随之得到极大的提高。在管理得当的情况下，产卵粒数、受精率、孵化率、出苗尾数相应地也有较大的提高，从而达到人工繁殖的目的。

在上述2次试验中，8月9日的繁殖效果似乎比5月18日的要好一些。这可能与立秋后的水温和气候比5月的水温要稳定一些，同时立秋后黄鳝的性成熟度更好一些有关。而每一次繁殖试验，在繁殖土池内的繁殖效果似乎比在池塘网箱内的要好一些，但不是很明显。若差异存在的话，也许说明土池内模拟其自然条件下的产卵环境比池塘网箱内要优越一些。这还需要进一步地试验验证。

应用中草药制剂催熟催产，成本低廉，催产率高而且稳定，其催产率、受精率和孵化率比应用激素催产相应地高一些。关键问题是操作简便，不伤及鳝体，无不良应激反应。至于中草药制剂催熟催产黄鳝的确切效果和药物作用机理，需要进一步通过实验研究证实。如果中草药催产效果确切的话，将会对黄鳝的人工繁殖起着非常巨大的促进作用。另外，用于黄鳝催产更理想的中草药方剂，还可参考他人对母猪和花面狸的做法，进行进一步的试验研究和探讨。

实例1-3　黄鳝人工繁殖

董元凯等在水温为20～31.5℃条件下进行黄鳝人工繁殖试验。

成熟亲鳝选购于集贸市场，雌鳝体长24～41cm，体重10～150g，雄鳝体长37～69cm，体重44～305g，催产以采用LRH-A和HCG一次性“胸腔”注射为主，剂量为“四大家鱼”的6倍左右（表7-2），雄鳝剂量为雌鳝的1/3～1/2，依性腺发育状况及气候温度变化而增减。

表7-2　雌鳝体重与催产剂注射剂量的关系

体重/g	10	20	30	40	50	100	150	200	250	300
LRH-A/mg	2	4	6	8	10	15	20	25	30	35
HCG/国际单位	60	120	180	240	300	450	600	750	900	1 050

催产时雌雄比例为(2～3)∶1，药物效应时间约2～3天，多为剖腹方法。将精巢剖出后，或挤取精液，或将其剪碎于生理盐水中。采取干法或半干法受精，受精卵置于11～15cm的培养皿中孵化，不断剔除坏卵、死胚，经常换水，保持水质清洁。其结果是：雌鳝的催产率达73%，最高达到90%；受精率为56.1%，个别高达91%，但孵化率较低，仅为23.5%。在26～28℃水温条件下，从受精卵发

育到出膜，一般需6~7天，出膜7~10天后卵黄囊才被吸收尽。开口饵料为浮游动物，经20多天培育，仔鳝体长可达67mm。

实例1-4　黄鳝人工繁殖与苗种培育生产

安徽六安市杨劲松进行了黄鳝的人工繁殖及苗种培育试验。

1 材料与方法

（1）池塘条件　试验塘3个，其中亲鳝培育池1个，为水泥护坡结构，面积8亩，池塘淤泥厚度为20cm，产卵池为新开挖池塘2个，面积分别为6亩、5亩，池埂铺垫塑料薄膜防止渗漏，产卵池在繁殖前进行修整、除杂、消毒，放入过滤新水达1.5m深度。

（2）网箱设施　用60目聚乙烯网片人工缝制。亲鳝培育箱4只（2.5m×2m×1m）、产卵箱70只（2m×1m×1m）、孵化育苗箱19只（1.5m×1m×0.4m）、孵化格56只（0.3m×0.4m×0.08m）。箱架用毛竹竿固定，绳拉式入水，箱口离水面30cm，在池塘中“一”字形纵横排列，网箱横距1m，纵距0.8m，内放水花生、水葫芦等水草，网箱等均用食盐溶液消毒，并提前入水浸泡。

（3）人工繁殖

1）亲鳝来源和选择。2003年10月开始收集当地池塘中体质健壮无伤的成鳝，进行留种专池培育，品种为深黄大斑鳝，雌鳝平均体长25cm，80~150g/尾，雄鳝体重160~280g/尾，4冬龄以上。

2）亲鳝培育。亲鳝在催产前经雌雄分离后放入网箱集中培育，每天投喂蝇蛆、鱼糜等高蛋白饲料，在日常管理中注意池塘水质培养，繁殖前10天隔日加注1次新水，加水量为5~10cm，加水时禁止响动。

3）亲鳝催产。催产剂选用HCG，分2批集中进行，注射剂量以3国际单位/g体重为宜，雄鳝减半，催产剂经蒸馏水稀释后，按雌雄鳝每尾平均注射1~2mL药物计算。雌鳝上午9：00开始进行药物注射，24h后注射雄鳝。注射方法为：将选好的亲鳝用干毛巾包好，然后由一人握紧亲鳝，另一人在其腹腔注射药物，注射深度不超过0.5cm，注射角度与亲鳝前腹呈45°倾斜。注射后的亲鳝按雌雄1∶1放入产卵池的产卵箱中，放养密度为4尾/m^2，平均每箱4组亲鳝。亲鳝入池后对网箱编号并记录试验数据，并派专人每天早晚巡视 1 次，及时了解掌握鳝苗孵化情况。

4）产卵受精和孵化。经激素注射后的亲鳝在网箱中自行产卵、受精，亲鳝在产卵之前会在网箱内设置的水草中吐泡沫、筑巢，产卵和排精于泡沫巢上，卵即能受精。可用自制捞海在亲鳝吐泡沫筑巢后 3 天及时收集受精卵，过数后分批转入专箱孵化。方法为：准备 56 只有木制边的 80 目筛绢网格作孵化格放入孵化箱中，每箱放置 2 ~ 3 个孵化格，每只孵化格放入受精卵 1 400 粒，将其散铺后放入孵化育苗箱内静水孵化。

（4）苗种培育

1）鳝苗饲养。鳝苗出膜后 5 ~ 7 天，抽出孵化格，让鳝苗进入孵化育苗箱，在鳝苗卵黄囊消失后用白细布包裹过滤的熟鸡蛋黄投喂，连喂一周后搭配部分蝇蛆、蚯蚓浆。

2）幼鳝培育。经 40 ~ 50 天饲养后，鳝苗体长 8 ~ 10cm，成活率达 85%，此时按不同大小规格分箱饲养，每只网箱放养 1 500 尾，投喂蚯蚓、麦麸、瓜果等，投喂量掌握在其总体重的 10% ~ 15%，每日投喂 4 ~ 5 次，并加强水质调节和日常管理。

❷ 养殖效果

本例共催产亲鳝 280 组、560 尾，8 月 15 日收集 1.2 ~ 2cm 的鳝苗 17 800 尾。鳝苗经强化培育后达到 10cm 的幼鳝有 15 000 尾，黄鳝平均受精率达 37%，孵化率为 66%，幼鳝成活率为 85%，取得直接经济效益 2 865 元，经成本核算后，投入产出比为 1∶1.45。

❸ 结论与启示

1）本例证明，经强化培育 3 ~ 5 个月的亲鳝肥满度好，卵巢、精巢发育成熟，经人工催产后成活率高，在网箱自然受精、孵化后经专项培育批量生产鳝苗的成本低，亲鳝伤亡率仅 2%，适宜留种为来年开展繁殖继续使用，且方法简便易掌握。

2）在检查雌雄成熟度前亲鳝不宜饱食，否则会误导对成熟亲鳝的判断，产卵期间应加强饲养管理，气候转变时应及时检查网箱产卵情况，防止暴雨和大风卷刮网箱造成亲鳝逃逸。

3）在黄鳝孵化过程中发现网箱中有较多水生昆虫，怀疑为水花生等水草消毒不彻底和进水时带入的，其中剑水蚤等敌害昆虫能刺破受精卵。为有效防治剑水蚤，试验前池塘应用敌百虫全池泼洒1次，剂量为0.3g/m³，同时对进水管用80目筛绢网进行过滤处理。

4）当鳝苗达到体长3cm时要进行分养，方法是在鳝苗集中摄食时，用密眼捞海将身体健壮、摄食能力强的鳝苗捞出，放在另外的网箱中饲养培育。

二　网箱养殖实例

实例2-1　成鱼池塘网箱养鳝

安徽侯冠军等为充分合理利用庐江水资源，提高池塘单位面积经济效益，对池塘网箱养鳝的放养密度进行了探索试验，试验情况总结如下。

1 养殖水体状况

试验在庐江县白湖镇的池塘内进行，池塘总面积90.5亩，东西走向，水质清新，溶氧量高，水位较稳定，进排水方便，水深1.5~2.0m，池底平坦，淤泥深10~15cm，无工业污水流入。

2 网箱结构与设置

网箱为优质聚乙烯无结节网片缝合而成，规格为4m×3m×1.5m，网目16~20目/cm²，面积为12m²的敞口网箱。网箱箱口及箱底用直径为0.5cm的网缝合，在8个角留出来10cm的纲绳，以备固定所放置网箱的箱体。网箱入水深度为1m，出水0.5m，距池塘底部0.5m。网箱放置呈“一”字形排开，间距1.0m，行距3.0m，四角用毛竹固定。首次使用的新网箱，必须放入水中浸泡使网衣上附着藻类形成生物膜，避免黄鳝种入箱时摩擦受伤。隔年网箱使用前需太阳曝晒，冲洗后用20mg/L的高锰酸钾溶液浸泡20min，以起到消毒作用。

3 水草移植及食台设置

在放种前20天移植水花生，要求去根洗净后先用10mg/L的漂白粉溶液浸泡10min，水花生面积占网箱面积的80%。每箱设食台1只，食台为高10cm，边长50cm的木制方框，固定在箱内水面下10~20cm处。

4 鳝种的来源与挑选

黄鳝一般有3种体色类型。第一类，体呈黄色并夹杂有大斑点，生长较快，选择此种黄鳝作为网箱养殖品种较佳。第二类，体呈青黄色。第三类，体灰色且斑点细密。后两类体色的鳝种生长速度缓慢，不宜作为人工养殖品种。

黄鳝种一般就地解决，以原生态繁育的鳝种为好，也可收购笼捕的野生鳝种，对于电捕和钩钓的黄鳝要禁用，从外地选购的鳝种要注意挑选。放入同一网箱内的鳝种规格要求基本一致，体格健壮，无伤无病。

试验用的鳝种大部分是笼捕的野生鳝种，体色鲜艳，手捉时感到黏液多。放养时确定放鳝后 3 ~ 5 天为晴天，鳝种入箱前用 5% 的食盐溶液浸浴 3 ~ 5min。放养密度在各试验示范区有所不同，以比较网箱内黄鳝生长速度、群体产量及经济效益。具体放养情况详见表 7-3。

表 7-3　2004 ~ 2005 年各试验池网箱养鳝放养情况

试验池号	池塘面积/m^2	网箱规格/（m×m×m）	数量/只	2004 年			2005 年		
				时间（月. 日）	平均规格/g	放养量/（kg/m^2）	时间（月. 日）	平均规格/g	放养量/（kg/m^2）
1	3 066	4×3×1.5	102	7.2 ~ 7.8	20.2	0.75	—	—	—
2	7 440	4×3×1.5	248	7.1 ~ 7.10	25.3	0.85	—	—	—
3	4 800	4×3×1.5	160	6.29 ~ 7.11	30.1	1.00	7.5 ~ 7.12	40.0	1.2
4	14 007	4×3×1.5	460	7.2 ~ 7.7	35.0	1.10	7.4 ~ 7.10	43.0	1.2
5	5 336	4×3×1.5	180	7.5 ~ 7.11	40.4	1.15	7.3 ~ 7.8	46.0	1.2
6	9 005	4×3×1.5	300	7.4 ~ 7.12	45.3	1.20	7.4 ~ 7.9	49.0	1.2
7	10 672	4×3×1.5	360	7.2 ~ 7.8	50.0	1.25	7.5 ~ 7.13	52.0	1.2
8	6 000	4×3×1.5	200	7.1 ~ 7.9	55.0	0.90	7.1 ~ 7.12	55.0	1.2

5 驯食及池塘内套养鱼类

在黄鳝入箱1~3天后进行驯食，用鲜鱼糜加黄鳝全价配合饲料（搭配比例为80∶20）以清水混合，晚上8：00~9：00泼洒在网箱中，投喂量为网箱内鳝总量的1%。第四天起比前一天提前半小时泼洒，直到时间调整到傍晚5：00~6：00，投喂量视前一天的吃食情况适时调整，若未吃完则不增加饵料，若吃完则增加一个百分点。饵料泼洒面积由大到小，逐渐向食台集中，第五天起把鱼糜放在食台进行定点投喂。以后逐步减少鲜鱼投喂量，增加全价配合饲料的投喂量，直至总投饲量中鲜鱼糜和全价配合饲料的比例各占50%，7~10天后若黄鳝吃食量达5%时则为驯食成功。

驯食成功后每亩池塘内放养规格为8~10尾/500g的鲢鱼300尾，鳙鱼80尾，银鲫夏花150尾，规格为13~15cm的细鳞斜颌鲴50尾。

6 饲养与管理

驯食成功后投喂饲料为鲜鱼糜及全价配合饲料（各占50%），鲜鱼加工前需洗净并用5%的食盐溶液浸泡15min，日投饲量按黄鳝体重的5%~7%计算，投喂时间为每天傍晚5：00~6：00，以20min内吃完为度，视其吃食情况，适时调整投饲量。做好日常数据记录，发现异常情况及时解决处理。

试验区网箱养鳝户从10月1日至11月30日陆续将黄鳝起捕出售，其收获情况见表7-4。

表7-4　2004~2005年各试验池网箱收获情况

试验池号	池塘面积/m^2	网箱规格/（m×m×m）	数量/只	2004年				2005年			
				时间（月.日）	平均规格/g	成活率/（kg/m^2）	平均单产/（kg/m^2）	时间（月.日）	平均规格/g	成活率/（kg/m^2）	平均单产/（kg/m^2）
1	3 066	4×3×1.5	102	10.1~10.21	64.2	86.0	2.04	—	—	—	—
2	7 440	4×3×1.5	248	10.1~11.2	70.3	78.0	1.86	—	—	—	—

（续）

试验池号	池塘面积/m^2	网箱规格/（m×m×m）	数量/只	2004 年				2005 年			
				时间（月.日）	平均规格/g	成活率/（kg/m^2）	平均单产/（kg/m^2）	时间（月.日）	平均规格/g	成活率/（kg/m^2）	平均单产/（kg/m^2）
3	4 800	4×3×1.5	160	10.18～11.1	101.4	94.0	2.93	10.15～11.12	130	93.8	2.68
4	14 007	4×3×1.5	460	10.2～11.3	96.5	90.2	2.85	10.21～11.30	129	94.7	2.71
5	5 336	4×3×1.5	180	10.12～11.9	111.2	92.6	2.93	10.12～11.28	127	93.0	3.19
6	9 005	4×3×1.5	300	11.1～11.2	124.8	93.7	3.04	10.30～11.20	125	95.0	3.20
7	10 672	4×3×1.5	360	11.7～11.18	129.2	93.2	3.01	10.1～11.30	124	93.5	3.16
8	6 000	4×3×1.5	200	10.2～11.7	133.0	82.0	1.75	10.30～11.22	127	94.0	3.22
平均	—	—	—	—	103.8	88.7	2.55	—	127	94.0	3.02

2004～2005 年各试验池网箱经济效益见表 7-5。

7 小结

网箱养鳝是通过充分利用池塘水体空间，将低值的小杂鱼、虾等资源转化为优质水产品而逐渐发展起来的，具有养殖周期短，见效快，便于规模化和集约化养殖的新模式。平均盈利 72.38 元/m^2，每亩池塘内盈利 17 371.2 元，经济效益较为可观。

网箱养鳝的产量与放养鳝种的规格与密度有着密切的关系。试验结果表明，放入鳝种规格与密度以 30～50g/尾，1.0～1.2kg/m^2 为宜。规格小于 30g/尾，虽然增重倍数高但成活率低，上市规格小，单位经济效益低。规格大于 50g/尾的鳝种来源困难，选购损耗大，价格相对也高，同时入箱驯食困难，此规格不宜选购。

表 7-5 2004～2005 年各试验池网箱经济效益

试验池号	2004 年						2005 年					
	产值/元	鳝种费/元	网箱费/元	饲料费/元	其他/元	效益/(元/m^2)	产值/元	鳝种费/元	网箱费/元	饲料费/元	其他/元	效益/(元/m^2)
1	109 866	20 196	2 754	33 150	10 200	35.59	—	—	—	—	—	—
2	243 556	55 651	6 966	80 600	24 800	25.38	—	—	—	—	—	—
3	247 526	42 240	4 320	52 000	16 000	69.25	226 406	50 688	4 320	51 632	16 000	54.04
4	692 208	133 584	12 420	149 500	46 000	63.53	653 347	99 360	12 420	143 336	46 000	63.81
5	278 467	54 648	4 860	58 500	18 000	65.95	303 178	47 520	4 860	58 086	18 000	80.89
6	530 640	95 040	8 100	96 810	30 000	83.53	506 880	77 760	8 100	96 810	30 000	81.73
7	572 140	118 800	9 720	117 000	36 000	67.27	600 652	114 048	9 720	115 200	36 000	75.38
8	184 800	47 520	5 400	62 000	20 000	20.78	340 032	63 360	5 400	64 540	20 000	77.81
平均	—	—	—	—	—	53.91	—	—	—	—	—	72.38

注：“网箱费”指使用网箱及毛竹折旧后的费用；“其他”指药品、塘租、人工和水电等费用。

第一章 第二章 第三章 第四章 第五章 第六章 第七章

网箱养鳝若不注意防病，易发生大规模的病害。因此要注意预防，特别是在刚入箱阶段。

网箱养鳝的关键阶段是黄鳝入箱后半月期间的驯食，若驯食不成功，网箱内的鳝种死亡率会很高，同时在这一阶段尽量不要乱动网箱，要保持安静，使鳝种逐渐适应新环境。

实例 2-2　鱼种池塘网箱养鳝

2007 年 5～10 月，黄小华等在安徽霍邱县水门塘鱼种繁殖基地进行了池塘网箱黄鳝养殖试验，注重对 3 种不同放养密度的网箱养鳝模式进行对比与总结，现将情况介绍如下。

1 材料与方法

（1）水体条件　本试验网箱设置在池塘，池塘面积 6 亩，池深 2.5m，水深 1.5～2.0m，池底平坦。池塘进排水方便，长方形，长宽比为 2∶1，东西走向。池塘周边环境安静，水源充足，水质良好、无污染，透明度在 30cm 以上。

（2）网具制作与安置

1）网箱制作：选用优质聚乙烯网布制作成网箱，安置网箱的四角用竹篙或木桩固定，网箱规格为 5m×3.6m×1.4m，网布质地好、网眼密、网条紧，老鼠不易咬破。

2）网箱安置：投放黄鳝前 5 天将网箱安置在池塘中，水上部分 40cm、水下部分为 100cm。网箱设置分 3 排，每排为 1 个试验组，每排间隔 1.5m。每组试验网箱设置 3 个重复，共设置 9 个网箱，第一排 1～3 号为第Ⅰ组；第二排 4～6 号为第Ⅱ组；第三排 7～9 号为第Ⅲ组，组内网箱间隔 5m，网箱的四角用细竹固定。网箱固定后，在网箱内放入 1 个饵料台，用直径 0.65cm 的钢筋做框架，规格为长 90cm、宽 40cm，用纱窗布包裹着，四角吊 4 个矿泉水瓶作为浮子，并置于水下 10cm 处；两排网箱中间搭建竹架供人行走及投饲管理。

（3）水草设置　在放养前 10 天向网箱内投放水花生，覆盖面达到网箱面积的 2/3，为黄鳝的生长栖息提供一个良好的环境。水花生入箱前，用敌百虫、漂白粉进行杀虫灭菌。

（4）鳝种选择　鳝种从小贩处收购，多为农户用鳝笼从水沟或稻田捕捞的野生黄鳝。选择鳝种的规格多为 28.5～33.8g/尾。进行放养的黄鳝要求体质健壮、无病无伤、活动敏捷。健康的黄鳝，手抓时感觉鳝体硬朗并有较大的挣逃力量；将黄鳝倒入盛浅水的盆中，游姿正常，稍遇响声或干扰，整盆黄鳝会因为突然受惊而抖动一下发出水响声，说明黄鳝敏感健康。放养的黄鳝体色泛黄并夹杂有大斑点，斑点越明显越好，增重倍数可达5~6倍，生长较快。

黄鳝入箱前要进行消毒处理，用3%的食盐溶液浸泡30min，消毒容器内的水温与放置网箱的水池中的水温相差不超过2℃，然后将黄鳝直接倒入网箱中。在幼鳝浸泡消毒过程中，质量好的黄鳝由紧张不安到逐渐安静或有规律地运动，最后安静；受伤个体会立即蹿跳起来或抬头不下，这类幼鳝体质较差，不能选用。

（5）鳝种放养　将消毒好的黄鳝随机入箱，9只箱分为3个组，每组放养密度不同，规格相差不大。1号、2号、3号箱的放养密度为0.5kg/m²，4号、5号、6号箱的放养密为0.75kg/m²，7号、8号、9号箱的放养密度为1kg/m²，3种不同的放养量与黄鳝生长性能的比较见表7-6。

表7-6　3种不同的放养量与黄鳝生长性能的比较

试验组别	放养			收获			投饲量/kg		饲料系数	平均成活率（%）
	平均规格/（g/尾）	数量/（尾/箱）	重量/（kg/箱）	平均规格/（g/尾）	数量/（尾/箱）	重量/（kg/箱）	饲料	鱼		
Ⅰ	31.3	288	9	123.3	214	26.4	11.5	42	3.07	74.3
Ⅱ	31.5	429	13.5	108.9	303	33	12.5	45	2.95	70.6
Ⅲ	32	563	18	99.1	362	35.9	16	50	3.69	64.3

（6）饲养管理

1）投喂方法：以投低值的小杂鱼、蚌螺肉、蝇蛆、蚯蚓为主，同时补充部分颗粒饲料。人工养殖开始时要先做驯食工作，驯食技巧分为两步：第一步，黄鳝刚入箱2~3天内不投饵，第三天晚上9：00开始喂食，以后慢慢提前至傍晚6：00左右；刚开始投喂黄鳝喜食的天然饵料，用新鲜的蚯蚓（25%）、花白鲢（50%）和蚌螺肉（25%）绞成糜状混合均匀后定点驯食。随着投饵量的增加，逐步调整糜肉的组成比例，以适应当地易买的原料。该阶段日投饵量为5%～6%。第二步，15天后再停食2天，开始驯食人工饲料，在第一步的基础上添加小颗粒饲料，添加量由少到多，一般由10%驯至25%～50%即可。

因环境的改变，黄鳝适应新的环境有一个过程，所以，开始投饵时由少到多，逐步增加。驯食结束后，根据“四定”（定质、定量、定时、定位）原则投喂，并开始投喂药饵，先服用阿苯达唑（又称“肠虫清”）驱虫药物，再连续服用抗菌药物3天。每个月抽样称重1次，确定各箱的鳝鱼重量，每10天增加5%的投饵量。网箱养鳝的日投饵量控制在6%～7%。水温在20～28℃时，黄鳝摄食旺盛则多投些、勤投些，每天上午8：00和傍晚6：00各投喂1次，其中傍晚1次投全天的2/3；水温15℃以下时投量减少，水温10℃以下则停止投饵；水温超过29℃时摄食也下降，只需每天傍晚定时投喂1次。投饵的方法是将饲料投喂在网箱内的饵料台上，残饵要在次日及时清出。根据残饵多少、摄食和天气情况等，适当调整投饵量。

2）水质管理：在日常管理过程中，要保持水质清新，经常加注新水，以调节水量和水质。每隔5～10天换1次水，换水量为1/3。做到定期检查，定期清洗网箱，一般每15天清洗1次，箱内水质做到“肥、活、嫩、爽”。清洗时检查箱体是否有破损，防止逃鳝。黄鳝对水温的要求十分敏感，注意高温防暑，可在网箱上方搭藤蔓植物框架以遮阳。黄鳝喜欢生活在中性和弱酸性的水中，水体pH控制在6.5～7.2，pH低于6或高于8都会不同程度地影响黄鳝生长。

3）防病治病：网箱养鳝密度高，易生病，而且得病后互相感染严重，用药难以治疗，目前也没有特效药物，在此次养殖期间参考有关文献，进行了正常的防病措施。据文献介绍，黄鳝网箱养殖最为关键的阶段是放养后一个月内，这一时期是黄鳝改变原来生活习性、适应新环境的过程。所以，不仅要做好鳝种的消毒和驯化工作，还要有效地控制疾病的发生，具体方法是：①黄鳝下箱前用漂白精进行水体消毒，以后每15天用强氯精粉消毒1次。②在驯食时加入诱食剂，即电解多维和四黄粉。以后每15天加1次四黄粉和维生素

C或电解多维，以增强黄鳝体质。15天后黄鳝吃食正常了，给黄鳝内服鱼虫灭以驱除体内寄生虫，每隔30天驱虫1次，驱虫后加肝泰拌饲内服5天左右，之后再用恩诺沙星和氟苯尼考预防细菌性疾病。因为在8~9月黄鳝吃食量大，所以在饲料里面加入了一定量的微生态制剂，以便改善黄鳝的摄食情况。

4）日常管理：加强巡箱，每天巡箱2次，检查黄鳝吃食情况，对网箱有破损的漏洞及时修补；观察池塘水位变化，并根据池塘水位及时调整网箱高度，发现水老鼠等敌害生物及时捕杀。根据天气和水质情况，及时加注新水，保持水质清新。20天左右割去过长的水花生1次，目的是防止箱内水花生长出箱外引起黄鳝外逃。水草面积控制在网箱面积的80%以下，每天早上将枯死和腐烂的水草、残饵、死亡的黄鳝等捞出处理，避免造成水质污染，以保持箱内的清洁。同时，做好日常管理日志。

2 效果与分析

（1）生长情况　本例是从2007年5月7日开始投喂，至10月25日结束，共饲养171天。第Ⅰ组鳝鱼的平均体重为123.3g；第Ⅱ组试验的鳝鱼平均体重为108.9g；第Ⅲ组试验的鳝鱼平均体重为99.1g（表7-6）。从结果可以看出，第Ⅰ组的鳝鱼生长速度较快，第Ⅲ较慢，第Ⅱ组和第Ⅲ组黄鳝的生长速度差异不明显。

（2）饲料系数与成活率　在第Ⅰ、第Ⅱ和第Ⅲ 3个试验组中，平均饲料系数分别为3.07、2.95和3.69，第Ⅰ和第Ⅱ组的饲料系数差异不大，而第Ⅲ组的饲料系数与第Ⅰ组、第Ⅱ组的饲料系数差异较大。此外，通过试验发现第Ⅰ和第Ⅱ组的鳝鱼平均成活率虽然有差异，但不明显；而第Ⅲ组的鳝鱼成活率与第Ⅰ组、第Ⅱ组的成活率相比，差别比较明显，其成活率最低，仅为64.3%。

（3）养殖效益　在3个试验组中，投资收益最高的是第Ⅱ组，每箱获纯利275.5元；最低的是第Ⅲ组，每箱获纯利191元；第Ⅰ组居中，每箱获纯利203.5元。回报率最高的也是第Ⅱ组，达38.6%。虽然第Ⅰ组和第Ⅱ组的饲料系数差异不大，投资回报率也比较接近，但第Ⅲ组的投资回报率仅为21.5%，与第Ⅰ组和第Ⅱ组相比差异较大。3种不同放养密度的黄鳝池塘网箱养殖效益分析见表7-7。

第一章 第二章 第三章 第四章 第五章 第六章 第七章

表 7-7　3 种不同放养密度的黄鳝池塘网箱养殖效益分析

试验组别	试验平均生产投入费用/（元/箱）									平均收入/（元/箱）		回报率（%）
	苗种	饲料	饵料鱼	药品	水电	网箱	水面	工资	合计	产值	纯利	
Ⅰ	162	80.5	91	20	30	40	30	135	588.5	792	203.5	34.6
Ⅱ	243	87.5	99	50	30	40	30	135	714.5	990	275.5	38.6
Ⅲ	324	112	110	105	30	40	30	135	886	1 077	191	21.5

注：黄鳝售价为 30 元/kg。

❸ 启示

1）放养密度与黄鳝生长性能的关系：在3种不同放养密度的试验组中，虽然第Ⅰ组和第Ⅲ组放养密度差异较大，但经养殖后的黄鳝平均个体重量差别不大，因此，放养密度的高低虽然对黄鳝的生长性能有影响，但不是关键因素。

2）放养密度与黄鳝成活率的关系：在3个试验组中，成活率随着密度的加大而降低，表现最为明显的是第Ⅲ组。导致这种现象的原因可能主要有以下3点。一是由于密度大的网箱，其黄鳝易感染疾病，导致成活率低；二是由于密度过大，鳝鱼抢食不均匀，少量鳝鱼摄食困难，导致体力下降，成活率低；三是密度大，投饲量也大，水质也相对较差，成活率低。

3）放养密度与养殖效益的关系：从结果及经济效益分析可知，第Ⅰ组和第Ⅱ组放养密度比较适合生产实践，其生长性能、成活率、饲料系数和投资回报率均比较理想，是生产者追求的合理养殖模式。单纯从经济效益来看，第Ⅱ组虽然没有充分发挥鱼种的生长速度，但其最终的经济效益最佳，可见第Ⅱ组的放养模式最为理想。

实例2-3　蟹池网箱养鳝

2006年，江苏省滨海县五讯镇泥螺村水产养殖户张步喜在15亩蟹池进行了网箱套养黄鳝试验，共收获河蟹960kg、鲢鳙鱼890kg、黄鳝810kg，总产值11.69万元，扣除各项成本后纯收入6.43万元，每亩获纯利4 287元。现将其经验介绍如下。

❶ 蟹池条件

池塘面积15亩，水深1.8m，四周用石棉板围成高0.7m的防逃墙。配备1台抽水泵、2台增氧机和1台简易饲料加工机。

❷ 蟹池清整

2005年底抽干池水，清除淤泥，让池底冰冻日晒15～20天，然后注水50cm，每亩用生石灰100kg和茶籽饼50kg清塘消毒。苗种放养前1个月，经过滤注水后栽种苦草、伊乐藻，移植水花生等水生植物，2006年清明前每亩投放活螺蛳200kg。

❸ 网箱设置

共设置网箱20个，总面积180m^2。每个网箱长3m，宽2m或长

4m、宽2m，箱深1.2，食台为高10cm、边长40～50cm的方形框，框底和四周用筛绢布围成。食台设在网箱中心，固定在箱内水下20cm处，每箱设2～3个食台。箱内放养占网箱面积4/5的水花生、水葫芦等水生植物。

❹ 苗种放养

在3月底进行蟹种放养，每亩放扣蟹400只，搭放鲢鳙鱼种40～50尾。4月份开始从野外收集黄鳝种放入网箱，每平方米放2kg左右，尾重25～50g，根据规格大小分箱养殖。

❺ 饲料投喂

在河蟹生长期，每天或隔天投喂1次鲜小杂鱼块、蚌肉和豆粕制成的饲料，日投喂量占池中河蟹体重的3%～5%，并适时补充水草、螺蛳。黄鳝除利用蟹池中的一些小杂鱼虾外，还投喂蚯蚓、小杂鱼虾、螺蚌肉、鲜鱼肉、畜禽内脏等，并投喂部分配合饲料。配合饲料的日投喂量为黄鳝体重的1%～3%，动物鲜饲料为黄鳝体重的5%～10%。

❻ 日常管理

养殖期间保持水质“肥、活、嫩、爽”，高温季节及时加水或换水，加水换水时水温差不超过5℃。保持池水透明度达30～35cm。每隔20天左右泼洒1次生石灰浆，预防疾病和调节池水pH。每15～20天洗刷1次网箱四周的网布，饲料中根据情况定期添加消炎杀菌和灭虫的药物。

实例2-4　虾池网箱养殖

葛莉莉等于2001年利用12亩普通鱼池以养殖青虾为主，网箱面积100m^{2}用于养殖黄鳝，当年获得了较高的经济效益，青虾收获960kg。其中，上市商品虾600kg，小虾360kg，鱼种50kg，黄鳝225kg，黄鳝增重倍数为3，总计产值39 360元，扣除各项生产成本7 290元，获利32 070元，每亩盈利2 672.5元。

❶ 池塘环境

池塘为普通养鱼池，向阳、避风、进排水方便，水位稳定，池水深1.3m，水透明度达25～35cm，溶氧量为4mg/L，在鳝、虾种放养前1星期将池塘干池，留底水4cm，做1次彻底清塘消毒。

2 网箱的制作与安置

材料选用聚乙烯（PE）无结节网片，网目为36目，网箱上下纲绳直径为3mm，将网箱拼成长方形六面体网箱，规格7m×4m×1.6m，在网箱口上方一周伸出6cm宽的檐。在网箱水面4/5的面积种植水花生，起到遮阴纳凉，净化水质的作用，给黄鳝一个良好的栖息环境。网箱高出水面50cm，放置为固定式，网周用竹子固定，毛竹扎架，结活络结，做到水涨网箱能升，水降网箱能下，四只网箱连体呈“田”字形，放置在鱼池中央稍偏东西，离池底20cm，网箱在鳝种放养前一周先入池，让网箱附着一些藻类，以避免鳝体与网片摩擦造成损失。

3 苗种放养

鳝种放养在6月底至小暑前结束，购买渔民用鳝笼捕捉到的野生鳝苗，选择体色为黄色，无病无伤，规格整齐的每千克40尾的鳝苗，每平方米放养2kg，每只网箱一次性放养。

虾苗放养规格为1.5～2cm/尾，每亩放4万尾，放养时间在6月底左右，放养青虾苗15天后，每亩套养白鲢、鳊鱼夏花各100尾左右，虾苗放养前7天，用鸡粪、猪粪经发酵施肥150kg/亩，进行培育水丝蚓。

4 投喂

黄鳝：刚放种4天内基本上不投喂饵料进行驯饲，待黄鳝行动正常后，在晚上开始引食，引食饲料为动物性饵料，以蚯蚓为主，附加其他小鱼等，直到正常摄食。投饵时间为上午7：00～8：00，投饵量占日投量的1/3，下午5：00为2/3，开始按鳝鱼总重量的3%进行投喂，以后逐渐增至6%，一般以2h吃完为宜。随天气、水温变化灵活掌握，适度投喂从市场上购的小杂鱼等，在投喂前，小杂鱼用3%～5%的食盐溶液浸浴10min左右。

青虾：用专用颗粒饲料及米糠、麸皮、豆饼、小杂鱼、螺蛳等。前期，自行配料，按40%的动物性饵料和60%的植物性饲料混合磨成糜状投喂；中后期（3cm左右）可用：①颗粒料；②以植物饲料为主，加入20%～30%的动物性饲料并添加少量骨粉以及微量元素，日投量控制在池虾重量的4%～6%，日投喂2次，上午6：00～7：00，占日总投量的1/3，下午4：00～5：00为2/3，投塘四周，一般以2h吃完为宜，灵活投喂，初夏和晚秋可适当少投，在自制饵料中添加适量的脱壳素，每隔20天左右，用复合肥2.5kg/亩，全池泼洒1次以培育浮游生物作为饵料。

❺ 防病

每半月用10mg/L的生石灰兑水全池泼洒1次，调节水质，自制饲料中每千克饲料拌6g土霉素以防疾病。

黄鳝养殖在放养前用3%～5%的食盐溶液浸浴10min，杀灭体表寄生虫，除塘内正常泼洒药物外，每半月向箱内泼洒1次漂白粉$2g/m^2$，经常用大蒜与饲料混合投喂，做好预防工作，发现病鳝及时治疗。

❻ 日常管理

由于网箱体常吸附着大量的污泥、水绵、青苔等，会影响水体交换，因此，需要1星期清洗1次网箱。定期检查箱底，发现有死鳝及时捞除，发现网箱有破洞及时修补。

池塘进出水口要进行严格过滤，用密眼网布做好拦网设施，既防虾苗外逃，又防野杂鱼等敌害进入，备有水泵1只（6寸），防止缺氧，每1～2天加换水1次，每天巡塘做好记录。

❼ 捕捞

在9月份开始对青虾适当进行捕大留小，采用地笼捕捉方法，小规格的养至年底或翌年再上市出售。

在11月底，当水温降至10℃以下时向网箱中投入大量水草，让黄鳝越冬，在春节前后市场价格升高，将黄鳝捕出。

❽ 启示

1）在池塘中套网箱养殖黄鳝所占地面积小，吊养在池塘内充分利用水域的立体养殖，管理方便、成本低、经济效益显著。

2）黄鳝的饲料主要是动物性饵料，因此，饲料的配套要跟上。

实例2-5　鱼池中规模化网箱养鳝

江苏省泰兴市于2006年利用广陵镇禅师村144亩养鱼池，共设置473个网箱进行养鳝试验，取得了良好的经济效益。现将试验情况总结如下。

1 试验条件与方法

（1）鱼池条件　试验池面积144亩，养殖季节平均水深在1.8m左右。养殖水体生态环境良好，无工业“三废”及农业、城镇生活污水污染，水质良好，pH为6.8~7.8，溶氧较丰富，水的透明度为35~40cm。底质无工业废弃物和生活垃圾，无大型植物碎屑和动物尸体。

（2）网箱规格　网箱长6m、宽4m、高1m（水上、水下各0.5m）。采用质地好、网目密、网条紧的聚乙烯网片。网目大小视养殖黄鳝的规格而定，以不逃鳝且利于箱内外水体交换为原则。

（3）网箱设置　在144亩水面中共设置473个网箱。网箱间距在3m左右。每个网箱用8根毛竹桩固定。在黄鳝放养前1周，将新制作的网箱放在水中浸泡，让网衣表面附着一层生物膜，使其变得柔软，以免黄鳝因体表擦伤而患病。每个网箱中个设置1~2个面积为$1m^2$的食台，食台距水面20cm左右。

（4）人工移植水草　在网箱内移植水花生，其覆盖面占网箱面积的90%左右。这样既能起到净化水质作用，又能为黄鳝提供隐蔽场所，有利于黄鳝的生长。移植的水花生最好去根洗净，然后放在40g/L的食盐溶液中浸泡10min左右，以防止蚂蟥等有害生物随草带入箱中。

（5）放养

1）鱼种放养。放养鱼种前先用生石灰清塘。干池清塘每1 000m^2用120kg生石灰，待药性消失后于2月25日放养3 400kg鱼种。鱼种下池前用50g/L的食盐溶液浸浴15min。

2）鳝种放养。放养的鳝种主要是从稻田、沟渠等水域中用鳝笼捕捉的野生黄鳝苗种，平均体重在35g左右，大的达100g以上。放养的鳝种活泼健壮，无病无伤、体表光滑具亮泽。凡有外伤感染，肛门红肿，头肿大，黏膜脱落的鳝种应坚决剔除。鳝种体色有黄、青、红3种，其中以黄色大斑鳝最好，长得最快；青色鳝次之。特别要注意的是下雨前后3天时间不宜收购鳝种，农田被大量喷施农药、化肥时不能购鳝种。473 个网箱内先后共计放养黄鳝 15 674kg，每箱平均 33.1kg，每平方米 1.35kg。另外，每个网箱中还放养 1kg 左右的泥鳅。放养工作从 2006 年 7 月 12 日开始到 7 月底结束。每次放养前都用 20mg/L 的高锰酸钾溶液或 30g/L 的食盐溶液对鳝体消毒，用高锰酸钾溶液一般浸浴 20min，用食盐溶液一般浸浴 10min 左右。每个网箱的黄鳝一次放足，放养规格尽量一致，以防止互相蚕食。

（6）日常饲养管理

1）做好投饵驯饲工作。每个网箱内的鳝种最好是同一天放养的，最多不要超过 2 天，否则会造成驯食困难。待黄鳝入池后第四天开始驯饲，驯食成功后，按定质、定量、定点、定时的“四定”原则灵活掌握，以每次投喂后 1h 左右吃完为宜。7 ~ 10 月每日投喂 2 次，分别在上午 6：00 ~ 7：00，下午 5：00 ~ 6：00 进行，日投喂量为黄鳝体重的 3% ~ 6%，下午的投喂量占全天的 70% 左右。2006 年投喂的饲料主要是黄鳝的无公害全价颗粒饲料，饲料质量符合《无公害食品渔用配合饲料安全限量》（NY5072—21302）标准，饵料系数为 1.5。

2）饲养管理。7 ~ 10 月底为主要生长期，应每日早晚 2 次巡视网箱，检查网衣是否破损，网眼有否堵塞，经常观察黄鳝的活动和吃食情况是否正常。大雨前后要根据水位状况调整好网箱入水深度。汛期更要注意防止被大水冲来的树枝、杂物等将网箱划破，以免引起逃鳝。

3）定期清洗网箱。定期清除网箱中的污物，及时捞出死鳝，定期洗刷网箱，以保证箱内外的水体交换。已经枯死的水花生要及时捞出并换上新的，及时清除食台上的残饵，以免其腐烂变质而影响水质。

4）做好病害防治工作。野生黄鳝在自然条件下很少发生病害，但在人工高密度饲养情况下，由于生态条件的改变，易发生病害，所以要做好病害防治工作。在 2006 年的养鳝试验中，少数网箱的主要病害是轻微的出血病和烂尾病，由于采取了积极的预防措施，发现病害后又能及时治疗，使病害得到了有效的控制。预防鳝病，除应选择好的鳝种和放养时对鳝体进行消毒外，7 ~ 9 月每半月用二氧化氯挂袋，每箱挂 2 个袋，每袋放药 150g；另外在饲料中加入“鳃肠净”等无公害药物投喂，每半月 1 次，连投 3 天。一旦发生病害，应根据病情对症下药。因池塘中水交换慢，故可直接用药物对网箱水体进行消毒。

（7）养殖效果　经过几个月精心饲养，到 2007 年 1 月 30 日常规鱼和网箱饲养的黄鳝全部上市。经统计，144 亩水面共产成鱼、黄鳝 45 245kg，总产值 138. 947 万元，实现总利润 77. 2413 万元。其中成鱼产量 14 500kg，产值 8. 7 万元；473 个网箱共产黄鳝 30 745kg，平均每箱 65kg，每平方米 2. 65kg，产值 130. 247 万元。去除养殖总成本 61. 7057 万元，共获利 77. 2413 万元，每亩纯利 5 326. 98 元。投入产出比为 1∶2. 25。由此可以看出，在现有水体中利用网箱养殖黄鳝，充分利用了水体，大大提高了养殖经济效益。

❷ 结论与启示

在现有鱼池内设置网箱养黄鳝，不但不影响原有的成鱼产量，而且能增加产量，原因是黄鳝的残饵和排泄物能起到一定的肥水作用，可提高“肥水鱼”的产量。另外，沟塘内养“肥水鱼”又能净化水质，对黄鳝的生长有利。利用现有沟塘开展网箱养鳝，既不需要专门建池浪费土地资源，又节省了挖建新池的费用投资，并且能提高养殖产量和效益。因此，凡是黄鳝资源比较丰富的地区都可采用这样的方法进行养殖，以充分提高养殖水体的利用率。

黄鳝放养的最佳时机为 3 月底至 4 月底和 7 月上旬至 9 月中旬。我市由于 3 月底至 4 月底无法购买到批量种苗，本试验池的网箱于 7 月份才放养鳝种，其增重倍数为 1. 96，如果 3 月底至 4 月底购买到黄鳝种苗，其增重倍数、产量、产值和效益还会更好些。从投喂饲料的品种看，黄鳝最喜食的饲料是蚯蚓。但是只要搞好黄鳝驯化工作，也能使其喜食黄鳝的专用全价颗粒饲料，这样可为大规模网箱养殖黄鳝解决其数量足、质量好的饲料。

实例 2-6　集约化网箱养鳝的水质调控和病害防治

侯冠军等研究了池塘集约化网箱养鳝的水质调控和病害防治技术，于 2004 ~2005 年在安徽省庐江县白湖镇连片的规模集约化池塘网箱养鳝区进行了多项试验。研究总结了一套行之有效的水质调控和病害防治技术，经 2006 年大面积推广应用取得了满意的效果，现将试验方法和技术介绍如下。

1 材料与方法

（1）试验材料

1）池塘条件。2004 年选择 2 个试验池，编号 041，面积 8.5 亩；编号 042，面积 11 亩；1 个对照池，编号 043，面积 9.5 亩。2005 年选择 2 个试验池，其中 1 个为 2004 年对照池，编号 043；另 1 个编号 051，面积 7 亩；1 个对照池即为 2004 年编号 041 试验池。试验池、对照池蓄水深均可达 1.7m，淤泥厚 12 ~ 15cm，水质符合《无公害食品　淡水养殖用水水质》（NY5051—2001）。

2）网箱设置。网箱规格 6m × 2.5m × 1.5m，面积 $15m^2$，网目为 20 目/cm^2，网片为聚乙烯无结节网片，网箱上下纲绳直径为 5mm，敞口。网箱入水深度为 1m，出水 0.5m，离底 40cm 以上，四周用毛竹固定，在池塘中成“一”字排开，前后箱距 1m，左右行距 3m，离塘埂 3m 以上，行、列之间要方便小船行使，便于管理和喂食。网箱按平均每亩水面 20 只安置，即 041 号塘 170 只，042 号塘 220 只，043 号塘 190 只，051 号塘 140 只，网箱于放苗前 20 天安置好。

3）鳝种来源与放养。鳝种来源于周边临近地区农民用鳝笼捕获的野生鳝种，当天捕获当天收购当天放养，减少囤养时间，同一网箱一次放足。挑选无病、无伤、黏液丰富、活动力强、敏感健康、体色深黄的大斑鳝放养。鳝种规格为 42 ~ 47g/尾，平均放养密度为 1.1kg/m^2。放养时间在 7 月上旬，避开梅雨季节和黄鳝繁殖高峰期，放养时选择晴天且往后几天均为晴好天气再投放。

4）饲料及其投喂。鳝种放养后 1 ~ 3 天采用饥饿逼迫法和适口饵料（鲜鲢鱼糜 + 黄鳝配合饲料）诱食法进行驯食。驯食时鲜鱼糜与配合饲料的比例由 80∶20 逐渐调整到 50∶50。投喂量由网箱存鳝总重量的 1% 逐渐增加到 5%，意味着驯食成功。投喂时间由晚上 8：00 ~ 9：00 逐渐调整到下午 5：00 ~ 6：00。7 ~ 10 天驯食成功后日投饲料量为网箱存鳝总重量的 5% ~ 7%，视黄鳝的摄食量进行调整，鲜鱼、配合饲料各占一半，每天投喂 1 次，下午 5：00 ~ 6：00 投喂，以 40min 吃完为度。鲜鱼洗净后用 5% 的食盐溶液浸浴 15min，用绞肉机加工成鱼糜与用清洁水软化后的膨化颗粒饲料均匀拌和后定点投放在食台或用网箱中水花生做成的“草台”上。投饵时遵循定时、定质、定点、定量的“四定”投饲原则。适时清除吃剩的残饵。

5）微生物制剂。微生物制剂选用主要成分以枯草芽孢杆菌为主的复合菌产品，每克有益菌数大于或等于35亿。

6）防治药物。防治药物均选用国内兽药GMP验收通过企业生产的绿色无公害环保型渔药。内服药以中草药为主，外泼消毒药以碘制剂为主。

（2）试验方法

1）试验池水质调控的设计方法

① 投放滤食性和刮食性鱼类。黄鳝驯食成功后，每亩水面放养规格为16～20尾/kg的鲢鱼种300尾、鳙鱼种80尾，鲫鱼夏花150尾，13～15cm细鳞斜颌鲴50尾。

② 移植水草。放鳝种前20天在网箱安置好后往箱中移植水花生，水花生覆盖面积占网箱面积的80%，移植时去根洗净后用10mg/L的漂白粉溶液浸泡10min。初移植时若水花生生长不旺可追施适量氮肥。养殖过程中视水草生长情况进行治虫施肥，保持箱内的水草碧绿长青。若水花生生长高出网箱口应及时割去，防止鳝鱼顺草外逃。

③ 周期性施用微生物制剂。自鳝种入箱前的6月下旬开始每隔10天周期性施用微生物制剂，至10月下旬共用13次。用量为每亩水面水深1m时，首次使用1kg，自第二次开始用量减半。使用时将1kg微生物制剂产品加15kg水充气浸泡4h后全池泼洒。

④ 适时加换水和调节水体pH。养殖过程中池塘水位保持在1.5m，高温蒸发时水位下降应适时加水。水质恶化时及时换水，但试验池在两年试验中未出现水质恶化情况。每月用生石灰调节1次水体pH，于施用微生物制剂前3天进行。

2）试验池病害防治的设计方法

① 放养鳝种前对池塘、网箱、鳝种进行消毒灭菌。黄鳝起捕完后排干池水进行冬冻曝晒，放苗前1个月即6月初用生石灰进行清

塘消毒，用量为100kg/亩。3~5天后注水安置网箱。

新网箱安置前先放在非网箱养鳝水体浸泡20天，使网箱有害物质散发，同时使网衣附着藻类形成生物膜，以免鳝种下箱擦伤。旧网箱安放前用20mg/L的高锰酸钾溶液浸泡20min。

鳝种放养前用4%~5%的食盐溶液浸浴3~5min。

② 驯食成功后应及时内服药饵以驱虫灭菌。驯食成功后及时投喂药饵驱杀野生状态下携带的寄生虫，每天1次，连用2次。隔日后内服中草药灭菌，每天1次，连用3~5次。药物用法用量按产品使用说明书使用。

③ 定期外泼、内服药物进行预防。养殖过程中每20天外泼消毒剂对水体进行消毒1次，在泼洒微生物制剂前3天使用，和施用生石灰时期错开。每半月内服1次驱虫药饵和1个疗程（每天1次，连用3次）的以三黄粉等中药为主的消炎灭菌药。每周在饲料中加1次适量的电解多维、免疫多糖、保肝类中药。预防中不使用抗生素类杀菌药和刺激性较大的氯制剂、溴氯制剂消毒剂，确保商品鳝无药物残留。

④ 发现病症及时治疗。养殖过程中勤观察，若发现异常，要准确诊断，选用适当药物及时对症治疗。使用的药物按照《无公害食品　渔用药物使用准则》（NY5071—2002）执行。

3）对照池的水质调控和病害防治方法。对照池的水质调控和病害防治方法是一般农户做法，方法单一、无计划和规律，缺乏科学性。水质调控依靠施用生石灰和换水，未施用微生物制剂和放养刮食性鱼类。病害防治无计划，选用药物缺乏科学，使用时盲目加大药量。

4）定期测定水质。试验中每月用同1台多功能水质分析仪测定水质，测量参数有溶氧、pH、氨氮、亚硝酸盐氮、硫化氢。

5）黄鳝生长指标测定。测定项目有成活率、规格、产量。

6）养殖过程记录。养殖过程记录包括饲料的种类、价格、月均日投喂量、总投喂量，加水、换水、施用微生物制剂、消毒剂、其他防病治病药物的次数、数量、价格，黄鳝的发病、死亡情况，洗刷网箱的次数等。

7）规模区试检验。将试验成果或阶段性结果扩大面积规模区试，检验技术的成熟性和可行性。

2 结论

（1）水质测定结果　2004～2005年水质测定结果见表7-8、表7-9。

表7-8　2004年水质样品监测结果

池　号	日　期	pH	溶氧量/（mg/L）	氨氮/（mg/L）	亚硝酸盐氮/（mg/L）	硫化氢/（mg/L）
041	2004-07-17	7.5	6.61	0.23	0.031	0.02
	2004-08-20	7.4	6.23	0.45	0.052	0.04
	2004-09-21	7.3	5.81	0.53	0.084	—
	2004-10-18	7.6	6.24	0.51	0.073	0.06
042	2004-07-17	7.4	6.73	0.24	0.042	0.03
	2004-08-20	7.6	5.96	0.47	0.053	0.04
	2004-09-21	7.2	5.43	0.57	0.087	0.09
	2004-10-18	7.3	6.54	0.53	0.074	0.07
043（对照池）	2004-07-17	7.6	6.53	0.27	0.033	0.02
	2004-08-20	7.5	4.42	0.87	0.086	0.09
	2004-09-21	7.3	3.56	1.14	0.174	0.14
	2004-10-18	7.4	4.03	0.94	0.135	0.10

表7-9　2005年水质样品监测结果

池　号	日　期	pH	溶氧量/（mg/L）	氨氮/（mg/L）	亚硝酸盐氮/（mg/L）	硫化氢/（mg/L）
043	2005-07-15	7.5	6.53	0.24	0.042	0.03
	2005-08-16	7.4	6.25	0.46	0.061	0.05
	2005-09-15	7.2	5.71	0.58	0.083	0.09
	2005-10-16	7.3	6.14	0.54	0.075	0.07

（续）

池　号	日　期	pH	溶氧量/（mg/L）	氨氮/（mg/L）	亚硝酸盐氮/（mg/L）	硫化氢/（mg/L）
051	2005-07-15	7.6	6.47	0.22	0.034	0.02
	2005-08-16	7.2	6.14	0.49	0.057	0.04
	2005-09-15	7.1	5.62	0.56	0.085	0.08
	2005-10-16	7.4	6.17	0.52	0.074	0.06
041（对照池）	2005-07-15	7.6	6.45	0.25	0.034	0.02
	2005-08-16	7.3	4.47	0.86	0.087	0.08
	2005-09-15	7.1	3.54	1.15	0.182	0.15
	2005-10-16	7.2	4.21	0.97	0.124	0.12

（2）养殖过程中加水、换水和清洗网箱情况　2004 年 041 号、042 号试验池，2005 年 043 号、051 号试验池在整个养殖过程中未换水，只在水位下降时加水，在 8 月下旬清洗网箱 1 次。而 2004 年 043 号对照池，2005 年 041 号对照池在 7～9 月份每隔 1 周就需换水 1 次，每次换水量占全池水量的 1/3 左右，每隔半个月就要清洗网箱 1 次。试验池水质稳定、易控制，透明度较高，始终处在“活、嫩、爽”状态。对照池水质变化较大，难以控制，透明度较小，2004 年 043 号池、2005 年 041 号池还出现了蓝藻。

（3）黄鳝摄食生长情况　试验池的黄鳝始终食欲旺盛，与对照池相比摄食量大，生长快。对照池在 8 月下旬至 9 月上旬摄食量明显减少，有的网箱甚至停食，换水后有明显改善。

（4）黄鳝的发病死亡情况　试验池在整个养殖过程中较少发病，仅在 2004 年 042 号池、2005 年 043 号池的个别网箱发生了细菌性肠炎病、烂尾病，对症用药后，很快恢复。而对照池病害较重，尤其在 8～9 月份，发生了赤皮病、打印病、烂尾病、出血病、肠炎病、毛细线虫病等多种疾病，死亡率较高。

（5）黄鳝起捕收获情况　在 2004 年 11 月 17 日起捕至 12 月 28 日结束，2005 年 11 月 22 日起捕至 12 月 25 日结束。2004～2005 年黄鳝起捕收获情况见表 7-10。

表 7-10　2004～2005 年黄鳝起捕收获情况

年份	池号	鳝种放养量/尾	放养规格/m²	网箱总面积/（g/尾）	平均放养量/（kg/m²）	捕获/尾	成活率（%）	规格/（g/尾）	平均产量/（kg/m²）	比对照池产量/（kg/m²）
2004	041	65 233	43	2 550	1.11	60 993	93.5	130	3.11	1.13
	042	85 643	42	3 300	1.09	81 018	94.6	128	3.14	1.16
	043 对照	73 570	43	2 850	1.11	53 853	73.2	105	1.98	—
2005	043	70 933	45	2 850	1.12	67 670	95.4	150	3.56	1.66
	051	48 255	47	2 100	1.08	45 167	93.6	152	3.27	1.37
	041 对照	62 900	45	2 550	1.11	45 603	72.5	106	1.90	—

（6）规模化试验情况　2005 年，在 2004 年取得的阶段性成果后我们将这一技术在庐江县柯坦镇 320 亩池塘、4.8 万平方米网箱规模化养鳝区进行试验，取得了显著的效果，池塘水质明显改善，黄鳝成活率、规格、产量、效益均有大幅度提高。2006 年，我们又将两年研究总结的成果和 2004 年在柯坦镇取得的经验在庐江县白湖镇、庐城镇、泥河镇、柯坦镇、盛桥镇、乐桥镇等不同地理环境、不同水源条件、不同池塘条件共 6 000 亩池塘、10.2 万只网箱规模化养鳝区进行了试验。经初步统计黄鳝平均成活率达 94.3%。平均规格为 149.5g/尾，平均产量为 3.21kg/m^2。2006 年柯坦镇、白湖镇规模集约化池塘网箱养鳝区的平均成活率达 95.7%，平均规格为 153.5g/尾，平均产量为 3.34kg/m^2。2006 年 10 月 28 日庐江县科技局组织有关专家现场随机抽取 1 箱测定，平均产量为 3.22kg/m^2，平均规格为 151.5g/尾。

❸ 分析

（1）试验设计的水质调控方法对集约化网箱养鳝池生态环境的改善作用　试验设计的水质调控方法综合利用了动物、植物、微生物的水质净化作用。滤食性鱼类摄食浮游生物，可防止水质富营养化，刮食性鲴鱼摄食有机腐殖质，能消除污染源，既改善了环境，又增加效益。通过水花生吸收利用水体中的营养盐类，不仅净化了水质也为黄鳝营造了适宜的生活环境。通过有益微生物有效分解了水体中氨氮、亚硝酸盐、硫化氢等有害物质，使水体环境实现良性循环。由水质样品监测结果和养殖过程中的观察可看出上述水质综合调控方法对黄鳝养殖生态环境有明显的改善作用。养殖中后期 8～10 月试验池氨氮、亚硝酸盐氮、硫化氢的测定值均低于对照池，溶氧量高于对照池，而 pH 没有明显的影响。在养殖过程中观察到试验池池水透明度高，水质清爽，整个养殖季节未换水。而对照池每隔 1 周就要换水 1 次，且水质差，难以控制，透明度小。因此，这种水质综合调控方法尤其适合于水源条件不好的规模集约化池塘养鳝区，解决了发展池塘网箱养鳝受区域水源条件的限制，减少了养殖污水对自然环境的排放，有利于保护生态环境。

（2）放养刮食性鱼类对清洁网箱的作用　在池塘网箱养鳝池放养刮食性鱼类——细鳞斜颌鲴进行试验，利用它摄取网箱上附着的藻类和有机附着物这一独特的食性从而达到清洗网箱的作用，减少清洗网箱次数，减少对黄鳝的刺激，减轻劳动强度。试验结果证明这种方法是可行的，在试验池整个养殖过程中只清洗 1 次网箱，而对照池每隔半个月就要清洗网箱 1 次。因此，在池塘网箱养鳝池放养细鳞斜颌鲴能起到净化水质、清洁网箱、增加商品鲴鱼收入的三重作用。

（3）试验设计的病害防治方法对池塘网箱养鳝的防病作用　2004 年、2005 年的黄鳝起捕收获情况表明，试验设计的病害防治方法在水质调控方法的辅助下对集约化池塘网箱养鳝具有明显的防病作用。两年中试验池的黄鳝成活率明显高于对照池，而且病害少，大大降低了养殖风险。所选用的药物以中草药为主的环保型渔药，也有利于保护环境和提高黄鳝的品质。

（4）试验设计的水质调控和病害防治方法对黄鳝生长的影响

表 7-10 表明试验设计的"两种方法"对黄鳝具有明显的促生长作用，试验池的黄鳝起捕规格、平均产量均明显高于对照池。2004 年 041 号池规格比对照池高 25g/尾，平均产量比对照池高 1.13kg/m^2；042 号池规格比对照池高 23g/尾，平均产量比对照池高 1.16kg/m^2。2005 年 043 号池规格比对照池高 44g/尾，平均产量比对照池高 1.66kg/m^2；051 号池规格比对照池高 46g/尾，平均产量比对照池高 1.37kg/m^2。黄鳝的生长和产量之所以提高是源于黄鳝养殖生态环境的改善，黄鳝食欲旺盛，摄食量增大；黄鳝病害少，生长快；避免或减少因换水、清洗网箱对黄鳝造成的应激反应，环境稳定从而有利于生长。

（5）试验设计的水质调控和病害防治方法对黄鳝养殖效益的影响　各养殖池经济效益见表 7-11。

试验池积极预防病害的药物费用和对照池消极预防发病治疗药物费用相当，试验池增加了微生物制剂的成本，节省了电费，两者相当，在调水防病的成本上没有增加，但提高了单位面积的养殖产量和规格，单位面积效益比对照池高出很多。

表 7-11 各养殖池经济效益

年份	池号	成本								产出							效益比对
		鳝种/元	饲料/元	消毒剂药物/元	生物制剂/元	电费/元	塘租人工/元	网箱折旧/元	合计/元	平均/(元/m^2)	产量/kg	规格/(g/尾)	价格/(元/kg)	金额/元	收益/元	平均/(元/m^2)	比对照池高出/(元/m^2)
2004	041	61 710	68 595	2 550	850	1 700	11 050	4 590	151 045	59.2	7 929	130	44	348 876	197 831	77.6	55.1
	042	75 537	90 090	3 300	1 100	2 200	14 300	5 940	192 467	58.3	10 370	128	42	435 540	243 072	73.7	51.2
	对照043	69 597	62 700	2 945	—	2 850	1 900	5 130	145 122	50.9	5 655	105	37	209 235	64 113	22.5	—
2005	043	76 608	80 370	2 755	950	19 950	1 900	5 130	187 663	65.8	10 151	150	46	466 946	279 283	98.0	80.8
	051	58 967	60 900	2 100	700	1 400	9 100	3 780	136 947	65.2	6 865	152	46	315 790	178 843	85.2	68
	041对照	67 932	51 000	2 635	—	2 550	11 050	4 590	139 757	54.8	4 834	106	38	183 692	43 935	17.2	—

（6）试验池和对照池的互换试验进一步证明了试验结果　试验设计时将2004年043号对照池作为2005年的试验池，将2004年041号试验池作为2005年的对照池。从表7-8、表7-9、表7-10、表7-11试验结果可以看出排除了池塘环境对试验结果的促成作用，进一步证明了试验设计水质调控和病害防治方法的可行性。

（7）规模化试验情况再次证明了该项技术的可行性　2004～2005年的规模化试验结果表明该项技术的成熟性、可行性和可推广性，应用前景广阔。

4 启示

本例未就试验池和对照池的黄鳝品质、药物残留作研究对照，若试验池中黄鳝的这两项指标都好于对照池，那本项研究更有实际意义。

本例是“规模化、集约化池塘网箱养殖黄鳝技术研究”的一个分项。实例中引用了其他研究成果作为恒量，如“网箱养鳝适宜投放鳝种规格和时期”、“网箱养鳝适宜放养密度”、“网箱养鳝的鳝种剔选技术”、“网箱养鳝投饲技术”等，是以水质调控和病害防治技术作为变量进行试验研究的。网箱养鳝养殖规格、成活率、效益的提高、水质环境的改良是一项综合技术，要求每个养殖环节都必须有科学性。避开上述各项技术、单纯引用本例的水质调控和病害防治技术未必就有本例的结果。

实例2-7　鱼塘小网箱养鳝

湖南沅江市曹和清等于2005年在当地进行了鱼塘套置小型网箱高密度养鳝技术试验，获得了较好的经济效益，现将试验情况介绍如下。

1 材料与方法

（1）池塘条件　两个乡村渔场均为20世纪90年代中期开挖的鱼塘，交通方便，水系设施基本配套。池塘水深在1.2～1.5m，保水性良好，池塘水源无污染，pH为6～7.5，符合渔业用水标准。共有18个成鱼池，总面积147.5亩，平均每个池塘的面积为5 467m^2。

（2）网箱的结构与设置区域　试验网箱是由网目为1.5cm的聚乙烯无结节网片缝台而成的小型网箱，规格为长4m、宽3m、高

1.5m，网箱上下纲绳直径均在0.7cm。网箱设置在池塘上游、水质清新、溶氧充足、避风向阳、离池埂4m处的水域中，成“一”字形排列，每只网箱用6根毛竹固定，四角打上木桩，毛竹系在木桩上。网箱上部高出水面50cm。共有网箱756只，总面积9 072m^2，每个鱼塘设置42只网箱。

（3）放种前的准备　一是鱼塘及网箱消毒。初春在放养鱼种前，用200kg/亩的生石灰消毒，以杀灭塘内有害病菌。在放鳝种前15天，用高锰酸钾溶液浸泡网箱20min，然后将网箱投入水中。二是为黄鳝营造良好的生态环境。放种前10天向网箱内移植水花生或水葫芦等水草，覆盖面积为30%。

（4）投放鳝种　选择水温在20℃以上的晴天放种，试验所用种全部是在附近乡镇农田春耕时收购的，健壮无伤，规格一致，分别于4月15和18日一次性放养，共放707 616尾，计21 786.3kg，平均规格为30.78g/尾。鳝种放养情况见表7-12。

表7-12　鳝种放养情况

试验点	网箱数/只	面积/m^2	放养日期（月．日）	总尾数	平均规格/g	每箱平均尾数
京局村	298	3 576	4.15	278 928	32	936
堵堤渔场	458	5 496	4.18	428 688	30	1 936

（5）饵料来源及投喂方法　其饵料来源于两条途径。一是就地取材，在每年4~5月农田翻耕时大量收集蚯蚓，共收集蚯蚓7.89万kg；二是选用黄鳝专用的人工配合饲料。整个养殖期间，共投喂配合饲料4.21万kg。坚持“四定”投饵原则，每天下午6：00投饵1次，在饲养早期，投喂量不低于黄鳝体重的3%，生长旺季则不低于黄鳝体重的6%。同时要根据季节、天气变化、水温、水质和黄鳝的摄食情况适时调整投喂量。

（6）鳝病防治　在饲养过程中，与池塘疾病预防相结合。鳝种进箱前，每100kg鳝种用3%的食盐溶液浸浴3min。平时每隔10天用0.3g/m^{3}的强氯精在网箱周围泼洒。饲养期间基本上未发生暴发性鳝病。

(7) 日常管理　每天早晚坚持巡视网箱，观察水色，每周洗刷网衣1次，及时清除网箱内外的漂浮物和障碍物，保持网箱内外水流畅通。记录黄鳝的摄食情况，以便及时调整投饵量。检查网箱有无破损，发现问题及时处理。关注天气变化，以防暴雨时池水位急升，及时升降网箱，以防黄鳝逃走。

2 养殖效果

(1) 产量　2005年11月20日由沅江市水产局、科技局现场验收，确定产量。经过218天饲养，共起捕黄鳝595 483尾，计84 261kg，平均规格为141g/尾，成活率达84%，平均每箱产黄鳝111.45kg。黄鳝产量情况见表7-13。

表7-13　黄鳝产量情况

试验点	起捕日期（月.日）	总产量		平均规格/g	成活率（%）	每箱平均产量/kg
		尾数	重量/kg			
京局村	11.27	248 246	35 995	145	89	120.8
堵堤渔场	11.20	347 237	48 266	139	81	105.4

(2) 经济效益　试验创产值214.24万元，总生产成本50.85万元，其中物化成本466 981元，活化成本91 019元，获纯收益158.39万元。平均每箱产值2 834元，成本738.7元，纯收益2 095元。平均投入产出比1∶3.8。

3 结论与启示

(1) 套置小型网箱养鳝的池塘条件　要求池埂宽为3～5m，以便在池埂上能开挖池凼将收集的蚯蚓暂养起来，确保饲料供应。

(2) 设置荫庇物，创造适合黄鳝生长的生态环境　开始阶段水草面积占网箱内水面的30%，随着气温的升高，鱼产量的增长，荫庇物的面积逐步扩大，至10月下旬可达箱内水面的70%。

(3) 加强管理，严把投饵关　每当暴雨或天气闷热时，可见黄鳝竖直身体上半部，将头伸出水面，这是水体缺氧之故。凡在这种天气来临之前，都要及时灌入新水。若发现鳝鱼浮上水面独游，体表局部发白，这是鳝种受伤引起的水霉病的症状，应立即采取措施进行治疗。投饵是饲养管理工作的中心，饵料要保持鲜活，投饲最好在全箱遍撒，以免鳝鱼集群争食，造成生长不均。

三 池塘养殖实例

实例 3-1　池塘养鳝试验

刘广根于2005年在江西省峡江县农业科技园进行了池塘养鳝试验，获得了较好的经济效益。现将试验情况总结如下。

1 材料与方法

（1）池塘条件　选择交通方便、水系设施配套的池塘，底泥深小于15cm，水深在1.2～1.5m，保水性能好，水源充足，水质好，无污染，pH为6～7.5，符合渔业用水标准。共4个成鱼池，总面积为40亩，单个池塘面积为10亩。

（2）网箱的制作与设置　试验网箱由网目为1.5cm的聚乙烯无结节网片缝合而成，规格为长4m、宽3m、高1.5m，网箱上下纲绳直径均为0.7cm。网箱设置在池塘上游、水质清新、溶氧充足、避风向阳、离池埂4m处的水域中，成"一"字形排列，每只网箱用6根毛竹固定，四角打上木桩，毛竹系在木桩上。网箱上部高出水面50cm。共有网箱224只，总面积2 688m^2，每个池塘设置56只网箱。

（3）放养前的准备　一是池塘及网箱消毒。黄鳝养殖前，首先排干池水，每亩用200kg生石灰兑水化浆后全池泼洒，以杀灭塘内有害病菌。在放鳝种前15天，用高锰酸钾溶液浸泡网箱20min，然后将网箱投入水中。二是水草种植。水草既是黄鳝栖息的场所，也能在夏季使黄鳝防暑降温，可促进黄鳝的生长；同时，水草能净化水质，其进行光合作用也可以增加水体中溶氧的含量。在放种前10天向网箱内移植水花生，使其覆盖面积为30%。

（4）鳝种放养　选择水温在15℃以上的晴天放养，鳝种来源于收购本地人工捕捉的天然野生苗，要求健壮无伤，规格一致，于4月16日一次性放养，共投放209 440尾，计6 702.1kg，平均规格为

32g/尾。鳝种放养情况见表 7-14。

表 7-14　鳝种放养情况

地点	网箱数/只	面积/m^2	放养时间（月．日）	总放养量/尾	平均规格/（g/尾）	放养量/（尾/箱）
农业科技园	224	2 688	4. 16	209 440	32	935

（5）饵料来源及投喂方法　饵料来源于两条途径。一是就地取材，大量收购蚯蚓及鲜活小杂鱼共 4. 15 万 kg；二是选用黄鳝专用的人工配合饲料。在整个养殖期间，共投喂配合饲料 2. 21 万 kg。坚持“四定”投饵原则，每天下午 6：00 投饵 1 次，在饲养早期，投喂量不低于黄鳝体重的 3%，生长旺季则不低于黄鳝体重的 6%。具体根据季节、天气变化、水温、水质和黄鳝生长、摄食等情况适时调整投喂量。

（6）鳝病防治　在饲养过程中，与池塘疾病预防相结合。一是鳝种进箱前，每 100kg 鳝种用 30g/L 的食盐溶液浸浴 3min；二是每 15 天用二氧化氯进行全池泼洒 1 次，平时每 10 天用 0. 3g/m^3 的强氯精在网箱周围泼洒；三是每月按 50kg 黄鳝用 120 ~ 250g 大蒜拌饵投喂 1 疗程，每日 1 次，连续 3 天。

（7）日常管理　每天早晚坚持巡视网箱，观察水色。经常加注新水，保持水质“肥、活、嫩、爽”，水体溶氧量在 3mg/L 以上。每周洗刷网衣 1 次，及时清除网箱内外的漂浮物和障碍物，保持网箱内外水流畅通。定期捞除过多和生长过旺的水花生，防止其长出箱体，以防阴雨天发生逃鳝。记录黄鳝的摄食情况，以便及时调整投饵量。检查网箱有无破损，发现问题及时处理。关注天气变化，以防暴雨时池水位急升，及时升降网箱，以防黄鳝逃跑。

2 养殖效果

（1）产量　2005 年 11 月 21 日通过现场测产验收，经 218 天饲养共起捕黄鳝 188 496 尾，计 27 709kg，平均规格为 147g/尾，成活率达 90%，平均每箱产黄鳝 123. 7kg。

（2）效益　本试验总产值为 66. 17 万元，总生产成本 16. 55 万

第一章 第二章 第三章 第四章 第五章 第六章 第七章

元，其中，物化成本138 365元；活化成本27 127元，获纯收益49.62万元。平均每箱产值2 953.8元，成本738.8元，纯收益2 215元。投入产出比为1∶4。

（3）分析与讨论　体色黄、斑点大的鳝苗生长快、增重倍数多、成活率高；其次是体表黄绿、大斑点的鳝苗，而其他体色、斑点细小或斑点细密的鳝苗则养殖效果较差。

在网箱养鳝的池塘可以放入一些耐低氧和控制水质的鱼类（鲢、鳙、鲤、鲫），这样不仅可以活跃水体，促进水体流动，还可以清理黄鳝养殖形成的残剩饵料和有机质。

种植水草，为黄鳝生长营造一个良好的生态环境。养殖初期水草面积占网箱内水面的30%，随着气温的升高，鱼产量的增长，荫庇物的面积逐渐扩大，至10月下旬可达到箱内水面的70%。

养殖用的动物性饵料来源不稳定，且品种经常变化，黄鳝的摄食容易受到影响，尽管养殖成活率高，但黄鳝生长缓慢、个体小。因此，养殖最好使用黄鳝专用的人工配合饲料。

实例3-2　养鱼塘中混养黄鳝

如何提高农村鱼塘水产业的经济效益，长期以来是人们关注的问题，江苏省泗洪县魏营镇周志安在自家鱼塘大胆地进行了试验。

1998年5月投放每千克30尾的鳝种，于1999年8月开始轮捕，捕大留小，平均尾重150g，每亩比单纯养鱼多增收800元，是农村养鱼效益的2～3倍，具体做法如下。

1 池塘条件

池塘面积10亩，紧靠村庄，东西长，南北宽，平均水深1.2m，池埂宽阔，结实不渗漏，池埂四周生长大量的水旱草，无草塘，可移栽水花生约占全池30%，有利于黄鳝的栖息，水源无污染，进排水方便，并在进排水口设网防逃。

2 清塘和施肥

清塘药物以生石灰为好，每亩水深1m用生石灰150kg，化水全池泼洒，杀灭塘内所有野杂鱼和细菌。药物消失后，每亩施有机粪肥1 000kg，7天后浮游动植物大量繁殖即可放苗种。

3 苗种放养

（1）鱼种放养　一般在春节后的2月下旬进行，鱼塘以养肥水鱼为主，每亩放苗400尾，白鲢占50%、花鲢20%、草鲂15%、异育银鲫15%（规格要大，每尾0.2kg为好，繁殖的幼苗供鳝吃）。平均规格为10尾/kg，购回后用3%的食盐溶液消毒10min，再放入塘中。

（2）鳝苗放养　5月上旬即在市场上收集渔民用鳝笼捕获的鳝苗，选择无病无伤、游动活泼自然的鳝种，购回后用3%的食盐溶液浸浴5min，将游动暴躁、乱蹦乱跳的取出，每亩放规格为30尾/kg的鳝种15kg，同池的鳝种实行同批同规格一次放养。采取一次放足、多次起捕、捕大留小的原则。

（3）饵料鱼放养　黄鳝主要捕食蚯蚓、蝌蚪、小鱼、虾等。投放麦穗鱼和泥鳅20kg，因它们繁殖快，个体较小，身体细长，肉多、无硬刺，在夜间和黄鳝一起出来觅食形影不离，很容易被黄鳝吞食，泥鳅长大后出售也是一项收入。

4 日常管理

（1）施有机、无机肥　除2月每亩施有机粪肥1 000kg外，6月以后以施磷肥和氮肥为主，每亩头天上午施磷肥5kg，第二天上午施碳酸氢铵7.5kg，都选择在晴天上午，化水全池泼洒，每10~15天施肥1次。

（2）投饵　池塘养殖花白鲢，以施肥为主。但是黄鳝的饵料鱼，由于投放较多，和放养鱼争食，也要投喂一部分饵料。主要有饼粕、玉米、麸皮、鱼骨粉和维生素添加剂等，并制成颗粒饲料投喂，日投饵占饵料鱼总重的3%~5%，日投喂2次。

（3）掌握水质　由于主养肥水鱼，以施粪肥为主，浮游动植物大量繁殖，溶氧量较低，若发生鱼类浮头缺氧，一定要开启增氧设备进行增氧，夏、秋季节每周要排出老水，加注新水1次，确保水质“肥、活、嫩、爽”。

（4）勤巡塘　由于农村池塘紧靠村庄、家前屋后，给养殖治安带来很多麻烦，必须做到人不离开塘，发现偷鱼、偷鳝，要立即制止，做到白天夜间勤巡塘，发现问题，及时解决。

（5）预防鱼病　主要采取无病先防、有病早治的办法。从6月

第一章 第二章 第三章 第四章 第五章 第六章 第七章

开始每20天消毒1次水质，每亩施生石灰20kg或漂白粉1kg，化水全池泼洒。泼洒鱼药一定要和施肥错开，因消毒药可以降低肥效。定期配制药饵，进行有效防治。因池塘套养黄鳝，是仿自然生态的模式，并可在塘内繁殖，所以并未发现鳝病。

5 成鱼捕捞

由于塘水浅、鱼多，要进行轮捕，即达到商品规格再捕出上市，减少放养密度。在8月下旬将尾重0.75kg成鱼捕出上市，坚持用大眼拉网、丝网捕鱼，全年尽量不干塘捕鱼，防止黄鳝冻死。

6 黄鳝捕捞

从1998年5月在池塘中混养黄鳝至1999年8月开始捕鳝，鳝鱼生长效果好，当时投放的鳝种规格为30尾/kg，经过15个月池塘套养起捕，最大规格为300g/尾，最小规格为50g/尾，平均规格达150g/尾。因该地黄鳝小规格价格较低，40尾/kg的售价为6元，15尾/kg的为10元，150g以上黄鳝无论在什么季节价格都高达35元/kg以上。因此，经过了解市场行情，将150g左右的定为捕捞对象。方法一是鳝笼捕捉，到市场上购买竹篾编制的鳝笼，笼内放蚯蚓和小鱼做诱饵。一般在天黑前6：00左右放笼，凌晨1：00收笼，后更新诱饵，再诱捕1次，捕到150g/尾的黄鳝放入容器内等待出售，小规格继续养殖。二是徒手捕捉，晚上9：00，黄鳝在岸边觅食时，整个身体露出水面，用右手徒手捕捉，以这种方法最好，因为专捕大规格，而不损伤鳝苗。

7 经济效益

农村池塘通过套养黄鳝，由原来每亩产成鱼250kg、产值1 200元、纯利400元，提高到每亩产成鱼300kg、产大规格鳝30kg，仅黄鳝一项收入就高达近千元，利润可观。

四 稻田养殖实例

实例4-1　稻田养鳝技术

2005年，江苏省阜宁县沟墩镇林河村村民李容胜在5.7亩稻田中收获黄鳝700kg，纯收入1.5万元。在他的示范带动下，稻田生态养鳝已成为一项当地农民增收致富的“短、平、快”项目。现将其养殖技术要点介绍如下。

1 稻田及田间工程建设

养鳝稻田要求土质较肥，水源有保证，水质良好，管理方便，面积在15亩以内为好。要求田埂高而牢固，能保持水深在30cm以上。田埂四周用砖砌，或用水泥板、聚乙烯网布作为护埂防逃墙，高80cm左右。进、排水口用混凝土砌好，架上铁丝网，以防黄鳝逃逸。在稻田四周和中间均匀开挖“田”或“井”字形鱼沟，沟宽40~50cm、深60~80cm，面积占稻田面积的15%~20%。

2 稻田消毒与鳝种放养

鳝种放养前半个月每100m^{2}鱼沟用2kg生石灰化水泼洒消毒，保持水深20~30cm。鳝种就近收购，运输时间越短越好，一般选择本地的深黄大斑鳝。鳝种要求无病无伤、体质健壮、规格相近，每尾重20~30g。每亩放养鳝种50kg左右，一次放足，同时可搭配放养少量鲫鱼、泥鳅、青虾等，为黄鳝提供基础饵料。鳝种放养时先用3%~5%的食盐溶液浸浴消毒。

3 驯食与饵料投喂

鳝鱼喜食鲜活蚯蚓、小鱼虾、黄粉虫、蚕蛹、蛆虫等动物性饵料，但养殖中大量鲜活饵料的供应难以保证，必须及早驯食，一般在苗种放养后20天、已适应新环境后开始。方法是在早期用鲜蚯蚓、黄粉虫、蚕蛹等绞成的肉浆，按20%的比例均匀掺拌入甲鱼饵料或鳗鱼饵料中投喂，驯食1~2天。驯食成功后，可逐渐减少动物性饵料的配比。饵料投喂在傍晚进行，坚持“四定”原则，气温低、气压低时少投，天气晴好、气温高时多投，以第二天早上不留残饵为准，投饲量为黄鳝体重的2%~4%。另外，在稻田中可装黑光灯或日光灯引诱昆虫供黄鳝摄食。

4 水稻栽培与日常管理

水稻应选择生长期长、抗病害、抗倒伏的品种，移栽时推行宽行密植，株行距一般为15cm×15cm。水稻移栽前要施足基肥（长效饼肥为主）。防治水稻病虫害时，应选择高效低毒或生物农药，喷药时喷头向上对准叶面，并加高水位。用药后及时换水，防止农药对黄鳝产生不良影响。在水位管理上坚持早期浅水位（5～10cm）、中期深水位（15～30cm）、后期正常水位，基本符合稻、鳝生长的需要。坚持早、晚巡查，观察黄鳝生长、防逃设施等情况，及时采取相应措施，注意清除敌害。

5 鳝鱼常见病的防治

坚持预防为主、防治结合的方针，在鱼沟内定期泼洒生石灰液或使用微生物制剂。稻田生态养殖黄鳝，常见病有“发烧病”和寄生虫病。若发生“发烧病”，可按每立方米水体用大蒜10g、食盐5g、桑叶15g捣碎成汁均匀泼洒在鱼沟内，每天2次，连续2～3天。寄生虫引起的疾病主要有毛细线虫和棘头虫等，按每100kg黄鳝用10g 90%的敌百虫晶体混于饵料中投喂，连喂6天即可治愈。

实例4-2　稻田养鳝经验谈

四川省水产研究所前几年曾开展了人工养殖黄鳝的课题，并指导农民生产，取得了一些经验。一般情况下饲养鳝每亩产可达到100kg左右。现介绍经验如下。

1 稻田选择与维修

只要不干涸，不泛滥的田块均可用，面积以不超过1亩为宜，水深保持在10cm左右即可，四周田埂最好用砖或条石砌成，高40cm，宽30cm，墙顶出檐5cm，以防黄鳝尾巴钩墙或钻洞逃跑。还可用70×40cm的水泥板护田埂，与地面呈90°，下端埋入田底以下10cm左右，上面加压砖、石、土等。如果是粗放、粗养，加高加宽田埂，注意防跑即可。田中央开挖一个4m^{2}左右的水凼，深0.5m。沿田埂四周开挖围沟，田中要挖“井”字形鱼溜，一般宽30cm、深30cm，所有沟与凼必须相通，开沟挖凼在插秧前后均可。若在插秧后，可把苗移栽到沟边、凼边，这样就不会减少秧苗的株数。在进排水口要安好坚固的拦鱼设备，以防黄鳝逃逸。

2 黄鳝的人工繁殖与培育

1）人工催产就是在每年生殖季节5～8月（系分批产卵），选择的雌鳝腹部稍带透明，可隐约看到卵巢略呈紫红色，雄鳝个体大，轻压生殖孔有精液流出。催产剂用鱼类脑垂体，每千克黄鳝注射5mg（干重），约合注射激素800～1 500国际单位，注射在背侧肌肉中。约经18～25h剧烈发情后捕起，即可挤出卵粒进行人工授精。

2）选用小型鱼池，在池边投些石头、树枝、水草作隐居处，保持水深0.2～0.3m，每平方米放体长35cm左右的雌鳝7～8尾，体长60cm左右的雄鳝3～4尾。繁殖季节亲鳝在草丛下筑巢产卵。

3）在稻田中捞取受精卵放入大盆、网箱中孵化，保持水质新鲜，7天后可以孵出幼鳝。此时要放些水草作附着、荫庇用，幼鳝会游泳后要投喂磨碎的熟蛋黄、水蚤、水丝蚓等。几天后就可放到专门的培育池中培养。池面积只需几平方米，有进排水条件，池底铺软泥，水深保持在0.2m，水面放些水草作为荫庇物。每日投喂水蚤、水丝蚓、熟鱼浆、熟猪血等、需精心饲养1个月，体长达8～10cm时，才可放入稻田再培育。

3 饲料与喂养

黄鳝是以动物性饲料为主的杂食性鱼类，主要捕食蚯蚓、蝌蚪、小鱼虾、幼蛙、蝇蛆、昆虫，也摄食有机碎屑和大型浮游生物。还可人工投喂螺蚌肉、蚕蛹、熟猪血、肉联厂下脚料以及糠麸、米饭、瓜果之类。要求就地收集和培养活饵料，具体方法如下。

1）用30～40W黑光灯或日光灯引昆虫喂鱼。灯管两侧装配有宽0.2m的玻璃各1块，一端距水面2cm，另一端仰空呈45°，虫蛾扑向黑光灯时，碰撞在玻璃上触昏后落水。

2）用几个大盆装人粪、熟猪血等，置于稻田中，会有苍蝇产卵，蛆长大会爬出落入水中。

3）水蚯蚓培养。从野外沟凼内采集种源，在有进排水条件的地方开挖浅水凼，池底要有腐殖泥，保持水深几厘米，定期撒布经发酵过的有机肥，水丝蚓会大量繁殖。

4）陆生蚯蚓培养。将有机肥料、木屑、炉渣与肥土拌匀，压紧成35cm高的土堆，然后放良种蚯蚓大平二号或本地蚯蚓1 000条/m^2。蚯蚓培养起来后，把它们推向四周，再在空白地上堆放新料，蚯蚓凭它敏感的嗅觉会爬到新饲料堆中去。如此反复进行，保持温度在15～30℃、湿度在30%～40%就能获得大量蚯蚓喂鱼。

4 放养和管理

1）放养苗种：一是饲养当年鱼，二是饲养1龄苗种，一般在插秧后即可放入。要求体质健壮，体表光滑，游动活泼，大小一致，避免黄鳝饥饿时出现大鳝吃小鳝的状况。

2）选择品种：以金黄色或棕红色为佳，青色者生产性能较差。

3）放养规格：当年苗种10g左右，1龄苗种50g左右。

4）放养密度：当年苗每平方米4尾到年底平均可达50g，每亩产在50kg左右；1龄苗种每平方米放2尾，平均可达150g，每亩产在100kg左右。

5）水情管理：保持田水10～15cm，防止干枯和两季的洪水，保证水面低于田埂30cm。

若发现黄鳝都把头伸出水面呼吸，说明水中缺氧应及时换水，以防止大量死亡。防病治病是要注意防止擦脱黄鳝表面的黏液。入池时用3%～4%的食盐溶液浸浴3～5min，以杀灭水霉菌和体表寄生虫。每立方米田水定期用1g漂白粉遍洒；每50kg鳝鱼定期用利特灵2g拌饵投喂，可有效地防治肠炎病等。

5 起捕与越冬

入冬不久大多数黄鳝便潜伏在洞穴和水草中。首先应清除水草，然后加大水位引黄鳝出洞，再放干田水捕捉。带水起捕用竹篾编织而成的黄鳝笼，内放蚯蚓等饲料，傍晚放笼，第二天清早便有收获。

带水越冬是将黄鳝放入专门的越冬池，加深水位至0.5m左右，池面加盖以保水温。干池越冬是池底有软泥，黄鳝可钻入土中30～40cm处，土层保持一定湿度，在上面加盖一层稻草，另外防止猫鼠捕捉，经常观察情况以保证黄鳝安全越冬。

五 黄鳝养殖技术的改进实例

实例5-1 “生猪—沼气—葡萄—黄鳝”生态种养技术

江苏省张家港市大新镇福田现代农业生态园经过多年来的不断探索，在水泥池高密度集约化养殖黄鳝的技术上取得了突破，创新并形成了“生猪—沼气—葡萄—黄鳝”的立体生态健康种养新模式。养猪产生的粪便入沼气池发酵，生产的沼气可供日常生活使用，沼渣可作为种植葡萄和蔬菜的有机肥料；猪粪还可用于培育蝇蛆，为黄鳝提供高蛋白饲料；葡萄架搭在黄鳝养殖池上方，以起到遮阴降温的作用。本例着重介绍黄鳝水泥池高密度养殖技术。

1 水泥池的建造与准备

（1）总体布局　多个水泥池呈长方体网格状，南北方向4列，每列16个水泥池纵向连续建造。列与列相隔2m，在其间的空地种植葡萄，株距1m。每株葡萄旁竖高2m的水泥柱1根，水泥柱顶端再用铁丝相连形成网状，葡萄藤攀爬至水泥柱顶后再向左右两侧分开。

（2）水泥池建造　单个水泥池长4.5m、宽3.2m、深0.5m，池底铺设有双层防渗膜或直接浇注成水泥底，水泥池内侧面和水泥底再贴上白色瓷砖，防止表面粗糙擦伤黄鳝体表。进、排水管统一设计、安装，每池在距池底25cm处再设一溢水管，使水位始终保持在25cm左右，排水管和溢水管管口用纱绢扎牢。

（3）水葫芦移植　在每年黄鳝种苗投放前1个月，需从外塘移植水葫芦入池进行培养。移植水葫芦，一方面与葡萄架一同起到遮光降温的作用，黄鳝因有喜暗怕光的习性，喜欢栖息其中；另一方面还可有效吸收池水中的有机营养，起到净化水质、降低氨氮的作用。水葫芦一般用绳圈牢并集中固定于池中心，养殖面积占全池面积的70%左右，生长过密时须移去一部分，每星期清理1次。水葫芦粉碎后还可作为猪的青饲料。沿池壁四周向内留出0.4m宽的“口”字形水面空隙，方便投饲与观察黄鳝的摄食生长情况。另外，水葫芦移植入池前最好在食盐溶液中浸泡几分钟，防止其携带蚂蟥入池。

2 鳝苗的收购与放养

（1）鳝苗收购　鳝苗主要来源于零星收购，多收购用鳝笼捕捉的鳝苗，并要剔除受伤或体色异常的，不收购针钩钓捕的。收购规格一般为50～75g/条，收购时间一般从4月份中下旬开始，集中于5～6月份，直到8月底结束。

（2）鳝苗放养　收购时间相近且规格相近的鳝苗要求放入同一

水泥池，一般每池放养鳝苗20kg左右，即250～400条/池。鳝苗入池前需用10%的聚维酮碘溶液（10mg/kg，即10kg水中加2滴）集中浸浴消毒15min，防止外源性病菌被带入池中。

❸ 驯食

野生状态下的黄鳝入池经人工饲养后，饵料种类发生了明显变化，需要进行驯食，以适应摄食人工投喂的饵料，并形成定时、定点摄食的习惯。

（1）驯食时间　在鳝苗入池后的1个月内集中进行驯化，每10天为一时间段。

（2）驯食方法　刚开始时每池投喂人工培育的蝇蛆1.5kg，在每天下午5：00～6：00太阳落山时分进行投喂，蝇蛆投喂量每隔10天减少0.5kg，相应地按黄鳝体重的1.5%增投黄鳝专用配合饲料，饲料以10～15min吃完为宜。

❹ 饵料蝇蛆的培育

每年的4月份专门引进红头苍蝇的蛹2万只，放入专门的苍蝇培育间进行培养。苍蝇食料的配制方法为：每5kg温开水中，加1kg红糖和30g奶粉，充分搅拌混匀。在塑料盘里垫一片海绵，将糖水淋在海绵上，以海绵吸足量为准。等苍蝇产卵后再把粘满苍蝇卵的海绵移到另外设置的粪堆上，一般经8h卵块可孵化成小蛆。粪堆要保持潮湿，粪堆太干燥时可洒少量的水，加水量以水不流出粪堆为佳。在蛆孵化出来72h后，一些先成熟的蛆开始爬出粪堆，掉进集蛆盆中，96～144h是蛆爬出的高峰期，粪堆上也要时常添加新鲜的猪粪。一个40m^2的立体蝇蛆培养房要求保证有30万只以上的种苍蝇，平均每3天留取蝇蛆1kg，放在一专用孵化池或盆中让其变蛹孵化，以保证种苍蝇的数量。收集到的蝇蛆可先用低浓度的高锰酸钾溶液浸浴，再用清水冲洗，用绞肉机绞碎后即可拌入配合饲料中进行投喂。

❺ 饵料投喂

黄鳝一般在水温升到15℃左右时开始摄食，其饵料的蛋白质含量要求为35%～45%。目前多用蛋白质含量为38%的白丝鱼专用饲料代替较昂贵的黄鳝专用配合饲料，另外为了有效降低养殖成本，可再添加人工培养的高蛋白蝇蛆。每池集中定时、定点投喂，水温18～20℃时投喂量为黄鳝体重的1%～2%，水温20～28℃时可增加到2%～5%，此阶段也是黄鳝的生长旺盛期。投喂时注意观察黄鳝的摄食情况，一般在每年的10月底、水温降至15℃以下时停止投喂。

6 水质管理

水位保持为25cm，每星期清扫池壁及底部1次。4～6月份每3～4天换水1次，每次换水量为1/3。高温盛夏季节由于有水葫芦和葡萄架的共同遮阴，水温不会超过28℃，此时每天换水1次，每次换水量为1/2，每星期彻底换水1次。排出的废水可用于浇灌蔬菜和冲刷猪舍。深井水要曝晒1天后才能使用，换水时进水与原池水的温差要控制在1℃之内。

7 疾病防控

除了鳝苗入池时使用聚维酮碘溶液浸泡外，还应重视鳝病的日常防控。采用以下用药方法，可保证全年无明显的疾病发生。

（1）寄生性疾病　鳝苗入池后20天及养殖两个月后，分别用成都三阳科技实业有限公司生产的“鳝宝水虫清”1次，水温25℃以下时用量为1.2mg/L，25℃以上时为1mg/L，可杀灭黄鳝体表可能寄生的蚂蟥。

（2）细菌性疾病　每15天外泼10%的聚维酮碘溶液（1mg/L），或在每千克饲料拌入诺氟沙星2g，连用3天。

（3）病毒性疾病　以内服中药为主，每千克饲料中加三黄粉4g或板蓝根510g，连用3～5天，每15天用药1次。另外，对葡萄喷洒药物，特别是除虫药物时，水泥池上方要临时用尼龙薄膜覆盖，防止药物滴落溅入水中，引起药害。

8 越冬期管理

当水温降到10℃以下时，黄鳝即进入冬眠状态，此时水泥池上方可用塑料薄膜覆盖进行保温，并堵住溢水管，适当提高水位。年底时放水进行干池捕捉，捕大留小。

❾ 产出与效益

到年底时，当年放养的黄鳝收获规格普遍可达125～150g/条，年前留存下来的黄鳝收获规格可达150～200g/条。黄鳝的平均成活率可达95%以上，每只池可产黄鳝60～75kg，售价一般可达50～60元/kg，再加上每株葡萄树可产葡萄12kg左右，葡萄每千克售价22元，经济效益相当可观。由于用沼气渣作肥料，产出的葡萄甜度高，果粒圆润饱满，销售十分抢手。

实例5-2　蝇蛆网箱养鳝

刘坤在湖南公安县乡利用蝇蛆自动分离技术进行网箱黄鳝养殖，取得良好的经济和社会效益。

❶ 黄鳝的养殖方式

（1）网箱的规格及要求

1）网箱用2m×2m的聚氯乙烯无结网片缝制而成，网目大小以0.3cm为宜。网箱一般制作成长方形或正方形。

2）入水深度为50cm，上纲超出水面70cm；网箱固定时上纲要绷紧，下纲要松弛。网箱底与水底的距离以20cm为宜，网箱间距为3～4m。

3）网箱内水草移植品种可选水花生和牛草，覆盖率在80%～95%之间。

4）网箱的数量视池塘的面积而定，池塘的底部不易过深。静水池塘设立网箱的总面积以不超过池塘总面积的30%为宜；有流动水的池塘，其网箱面积可达池塘总面积的50%。

5）网箱四周用竹竿或木棍支撑。

（2）适合设立网箱的水域　但凡水位落差不大，水质良好无污染，受洪涝及干旱影响不大，水深1～2.5m的水域均可考虑设立网箱，微流水最好。在各类型的水域中，以池塘最为适宜，其次是水位稳定的河沟、湖汊和库湾。

（3）如何引进鳝鱼苗种

1）严把引入关。对收购入场的野生鳝，要选用金黄色的，大花斑的最好，土红大斑、浅黄细斑为其次，而青色、花纹也是青色的，苗子一般体型短，长得不快。另外引进的幼鱼是钩钓或捕获时受伤的苗要即时淘汰。

2）要及早驱除体内外寄生虫，并对饲养环境采取药物泼洒等方式，对病菌进行杀灭。对引入的水草，应进行寄生虫杀灭及消毒杀菌后方可入池。对取用河水、池塘水等水体的，若对其质量存在怀疑，引入时，可采取挂小网箱等方式，用几尾小鱼试水，并对水源投放适量的消毒杀菌药物进行处理，然后才予以取用。

❷ 黄鳝的养殖方法

（1）养殖的密度　在湖南公安县进行养殖的对比结果如下。使用3m×5m的网箱里面，放苗15kg，到年底只收获了30kg鱼，2m×2m的小网箱里面放了5kg苗，收获22.5kg鱼，小网箱的产量比大网箱的产量高2倍多。因此2m×2m的网箱是效益最明显的。投放密度以5～6.5kg为最好，黄鳝有大吃小的习性，因此投放时大小要均匀。

（2）饲料的选用　采用蝇蛆自动分离技术是解决饲料问题的一个好办法。以往养黄鳝的饲料成本较高，所用蝇蛆占饲料总量的比例为50%，若有条件大量培养以提高蝇蛆的比例将节约更多的饲料成本。利用猪粪培育蝇蛆具体做法如下。房间内用水泥砌1m×1m的平台，每个平台三面用0.2m水泥墙隔开，墙壁要光滑，前面留一条通道，通道前砌0.2m高的水泥墙，在一排蝇蛆培养池的两侧通道出口处下方放塑料桶，这样当蝇蛆生长到一定程度，由于左、右、后三面受阻，蝇蛆就会自动向前爬，蝇蛆会集中通过中间的通道向两侧爬，最后落入塑料桶中，利用蝇蛆作饲料喂黄鳝，成本较低，也较节省人力，效益非常好。

（3）日常管理

1）操作管理简便。因网箱只需移植水草，劳动强度小，平时的养殖主要是投喂饲料和防病防逃，管理项目少，简单方便。

2）水温容易控制。网箱放置于池塘等水域中，水体较大，夏季炎热时水温不会迅速上升，更不容易达到30℃以上的高温。

3）养殖成活率高。网箱养殖由于水质清新，水温较为稳定，因而养殖成活率较高。

❸ 养殖时的注意事项

（1）预防鼠患　鼠患是鳝鱼养殖的大敌，若控制不好，老鼠造成的损失很大。要想办法制止老鼠，就买无污染的老鼠药，投在鱼池岸边，利用苹果、红薯，把无污染的药放在洞穴前面，可有效减少鼠患。

（2）防止鳝鱼逃跑　养殖黄鳝需每天定时巡视网箱，检查网箱是否有漏洞，若有要即时修补。遇到下大雨、刮大风等恶劣天气尤其要注意巡视，防止网箱破损、倾倒，导致黄鳝逃跑。

（3）预防与控制常见的疾病　梅花斑病，此病一般在7月中旬发生，在网箱池里，将4~6只癞蛤蟆的头皮剥开，用绳系好，在池内反复拖几次，1~2天可治愈。烂尾病，用$3g/m^3$的二氧化氯全池泼洒。细菌性皮肤病，每立方米水体用25万单位的红霉素全池泼洒1次；每50kg黄鳝用0.5g磺胺噻唑与饲料掺拌投喂，每天1次，3~7天为1个疗程。

❹ 经济效益

2007年年底在湖南公安县乡的黄鳝养殖场中，约300只养殖网箱，每只投放鱼苗5kg，单尾重量可达0.4~0.5kg，产量保守估计可达6 000kg上，纯利润不低于16万元，产品主要销往江浙、上海等地。

实例5-3　藕田养鳝、养鳅

藕田套养泥鳅或黄鳝对地蛆均有防治作用，泥鳅的作用稍优于黄鳝。但藕田综合套养泥鳅和黄鳝对防治莲藕食根金花虫的效果最佳，二者起到互补的作用，防效达90%以上。同时通过二者的活动，疏松并肥化了土壤，促进莲藕增产，平均每亩可收获泥鳅和黄鳝50kg，每亩增收300元左右。江苏省宝应县顾茂才等进行藕田套养泥鳅、黄鳝的高效模式。

❶ 荷藕

（1）增加藕种用量，适时早栽　一般每亩用种量为350~400kg，比单季藕多100kg。应选用成熟较早、抗逆性较强、商品性较好的品种，如中熟品种大紫红、早熟品种鄂莲一号等。莲藕一般在每年的4月下旬排种，8月初及时采收。

（2）科学运筹肥水，促进早发快长

1）肥料运筹。莲藕要施足基肥，用量占总需肥量的60%左右，速缓效肥相结合，一般每亩施足有机肥3 000kg或有机复合肥60kg、碳铵15kg、钾肥7kg。追肥2次，第一次在田间开始出现少量立叶前，每亩追施碳铵20kg；第二次在结藕前重施结藕肥，每亩施尿素15～20kg，以促进藕身迅速膨大。

2）水分管理。复种的早藕灌水深度要比单季藕浅，随着立叶生长，逐步由浅入深，最高不超过50cm。特别是在7月中旬应降低水层至20cm，以水控制地上部生长，促进地下部结藕。

2 泥鳅、黄鳝

（1）基础设施　在藕田四周用铁皮或石棉瓦埋深30～40cm作为防逃设施。如果田块面积较大，可忽略此项工作，但泥鳅和黄鳝的回捕率较低。

（2）鱼苗投放　开春每亩投放规格为10g/条左右的泥鳅和黄鳝苗各8～10kg。投放后应及时观察活动情况，及时补充饵料。

（3）田间管理　在莲藕食根金花虫幼虫发生高峰期的7月少投或不投放饵料，利用泥鳅、黄鳝的暴食期和幼虫危害高峰期相遇的特点，大量捕食。

（4）泥鳅和黄鳝捕获　泥鳅和黄鳝一般采用“集鳅坑”法诱捕。在田四周开挖直径30cm、深15cm的小坑，上覆稻草，晚上便可捕获。

实例5-4　水丝蚓养鳝

湖南岳阳市屈原区畜牧水产局李明辉利用屈原管理区玉湖特种水产良种场的3个池塘，采用水丝蚓为主要饵料，进行池塘网箱养殖黄鳝试验。

水丝蚓，又名红丝虫，赤线虫，属环节动物中水生寡毛类，体色鲜红或青灰色，它们多生活在河流的岸边或河底的污泥中，常常密集于污泥表层，摄食污泥中有机碎屑及人工投喂发酵的动物粪便和饲料，其营养全面，干品含粗蛋白62%，多种必需氨基酸高达35%，因其含有大量的氨基酸和苷酸使它具有特有的诱食剂功能，是一切肉食性鱼类最理想的饵料，特别是特种水产苗种，被称为名贵鱼类的瓶颈开口饵料。

❶ 养殖条件与管理

（1）池塘条件　3个池塘为东西向，为渔场2、3、4号池，面积分别为0.5亩、6亩、7亩，2、3号池埂水泥护坡，4号为土池，池底都是土质，池深3.5m，可保水深2m，每个池配3kW的增氧机一台，具有独立的进排水系统，池底平坦，淤泥20cm左右，水源充足、较肥、无污染。

（2）池塘清整　投放苗种前，将池干塘曝晒，用生石灰150kg/亩带水10cm清塘消毒，放养前10天，向池塘注入新水，达到1.5m深。

（3）网箱设置　在2、3、4号池堤间打桩，用铁丝按网箱设置南北向跨塘横拉，以固定网箱，网箱规格为2m×3m×1.5m，每排网箱之间距离2m，每个网箱之间距离1.5m，网箱距池塘底1m，箱体入水体0.7m，水面上0.8m，四周用竹竿固定，网箱网衣采用聚乙烯网布，网目40目，投苗前网箱在池水中浸泡10天，网箱设置数为2、3号池各180个，4号池为200个，共560个。

（4）网箱中水草设置　在投苗前15天左右，将用10mg/L的漂白粉消毒处理过的水花生放入网箱中，水草覆盖面积占网箱面积的70%，让水花生在网箱正常生长。同时在网箱中设置圆形聚乙烯网布食台1个，浮于水草中。

（5）鳝种放养　黄鳝苗种为本地收购的野生黄鳝鱼，主要是大斑点黄鳝苗和黄褐色斑点黄鳝苗，规格在25g/尾左右，挑选无伤无病害的健康苗种，下箱前在塑料鱼桶中用40g/L的食盐溶液浸泡消毒10min，然后小心地投入箱中，3个池子共分3天投苗（7月10日、7月16日、7月20日），2、4号池平均每箱投苗8kg，3号池平均每箱投入苗种6kg（黄鳝苗种放养情况见表7-15），同时每个网箱套养6cm/尾的泥鳅苗250g，以摄食残饵和清除网体藻类。

（6）池塘套养鲢、鳙、黄颡鱼、鲫鱼　在投放网箱中的3个池中，每亩套养0.1kg/尾白鲢苗100尾，0.3kg/尾鳙鱼20尾，8cm/尾野生黄颡鱼50尾，0.05kg/尾规格鲫鱼100尾，以充分利用水体和吞食水体中的浮游生物，在套养池中投喂少量颗粒饵料。

表 7-15　黄鳝苗种放养情况

池号	面积/亩	每池设网箱个数/只	网箱规格长×宽×高/m	每个网箱放苗重量/kg	鳝鱼平均规格/（g/尾）	合计重/kg	合计尾数/尾	投苗时间（月．日）
2	5	180	3×2×1.5	8	25	1 440	57 600	7.10
3	6	180	3×2×1.5	6	25	1 080	43 200	7.16
4	7	200	3×2×1.5	8	25	1 600	64 000	7.20
小计	18	560	3×2×1.5	—	25	4 120	164 800	—

（7）饲料投喂　黄鳝使用的饲料主要为本场自己人工养殖的水丝蚓，并搭配少量膨化黄鳝料。水丝蚓自本场专用养殖基地捕捞，经消毒后直接投入，膨化黄鳝料为岳阳一厂家生产的含蛋白 45% 的黄鳝膨化专用颗粒料。黄鳝投苗第 2 天开始使用少量水丝蚓作引诱剂投喂，由于水丝蚓对黄鳝有特殊的引诱作用，第 3 天黄鳝就开始摄食鲜活水丝蚓，投入量为鳝鱼体重的 2%，后逐步增加至 5%，至 10 天左右开始搭配少量膨化料。在前期主要是以水丝蚓为主，占 70% 左右，中期为 60%，后期占 40% 左右，投喂时间开始是在下午 6：00 以后，逐步提前至下午 4：00 左右，即可驯化投食。膨化颗粒料的投喂主要是通过与水丝蚓混合，按照日投喂量标准进行投喂，正常情况下是投喂的鲜活水丝蚓占总鳝鱼总体重的 6%，膨化颗粒料占鳝鱼总体重的 2%，通过“定时、定量、定质、定位”进行投喂，每天检查鳝鱼吃食情况，捞除剩余饵料，并投喂池塘的搭配鱼类（饲料用量见表 7-16）。

表 7-16　3 个池内的网箱收获情况

池号	收获日期	总产量 /kg	净增重量 /kg	平均规格 (g/尾)	饲料用量/kg		网箱单位面积净产量/ (kg/m²)
					水丝蚓	黄鳝膨化料	
2	2009. 1. 07	5 040	3 600	105	11 227. 5	1 285. 5	3. 33
3	2009. 1. 10	3 888	2 808	112	8 519	1 075	2. 6
4	2009. 1. 13	5 760	4 160	108	12 467	1 639. 5	347
小计	—	14 688	10 568	108	32 213. 5	4 000	3. 15

（8）水质调节　池水透明度基本控制在 20 ~ 25cm，每 20 天用 $20g/m^3$ 的生石灰全池泼洒，重点是网箱周围，做到保持水质爽活清新。在 7 ~ 9 月高温季节每 7 ~ 10 天加注新水 1 次，结合水质状况一般每次加 10 ~ 15cm，若遇阴雨天池水缺氧，则开动增氧机增氧，以保证水质有充足的溶氧。并加强水体环境管理，及时捞除水中杂物残饵，保持食场卫生，保证良好的水质要求。

（9）日常管理　坚持每日早、中、晚巡塘，每个饲养人员分别负责专门管理 150 个网箱，每个网箱挂上编号，认真观察黄鳝的吃食情况及生长情况，及时捞除死亡的黄鳝，每半个月清理 1 次网箱，清除过多的水花生并对网箱进行清洗，洗除网衣上的附着物，确保箱体水质交换畅通。根据吃食投饵记录，调整投饵量，适时开启增氧机，防止池塘缺氧。

（10）鱼病防治　苗种投放前用 40g/L 的食盐溶液浸浴 10min，黄鳝下池 15 天后，采用中草药驱虫制剂，对黄鳝体内的寄生虫进行 1 次驱除，然后 1 个月后再用中草药制剂驱虫 1 次，全年驱虫 3 次，对池塘水体用生石灰、强氯精进行消毒。同时在投喂的颗粒中搭配自己研究的营养液，以增强黄鳝体质和抗病力，试验期间没发生大量的死亡现象，只有投苗后 15 天内出现过一些死亡，中后期死鳝很少。

2 养殖效果

2009 年 1 月 7 日开始陆续起捕，至 2009 年 1 月 13 日分 3 批全部将鳝鱼起捕完（收获情况见表 7-16，效益情况见表 7-17）。而网箱套养泥鳅，共收获大规格 50~100g/尾的泥鳅超过 600kg，售价 24 元/kg，计产值 14 400 元。由于销售时间过早，黄鳝价格平均 43 元/kg，过后 10 天同规格涨价到 52 元/kg，池塘搭配养殖的鱼类未计算在内。

表 7-17　效益分析　（单位：元）

池　号		2	3	4	小　计
产值		216 720	197 184	247 680	631 584
塘租		550	660	790	2 000
饲料成本	水丝蚓	56 137	42 595	62 335	161 067
	膨化料	8 998	7 525	11 477	28 000
苗种成本		40 320	30 240	44 800	115 360
网箱成本		8 100	8 100	9 000	25 200
其他费用		13 680	14 680	16 260	44 620
纯利润		88 935	63 384	103 018	255 337
每个网箱纯利润		494.08	352.13	515.09	455.95

3 结论与启示

1）结果表明，利用水丝蚓搭配少量膨化颗粒料进行网箱养殖黄鳝是完全可行的，生长速度快，成活率高，养殖效益明显，从 7 月 10 日左右投苗开始喂养，实际到 10 月底即停止投喂，只有 100~120 天的生长期，黄鳝从平均 25g/尾生长到平均 100g/尾以上，显示了较快的生长速度。

2）以投喂水丝蚓为主搭配少量膨化颗粒料，解决了黄鳝养殖过程中的难题，黄鳝拒食人工饵料的“闭口病”，用其他饵料驯化期一般在 15~20 天，而用水丝蚓只要 3~4 天即可开始摄食，10 天左右即可搭配人工颗粒料。收获的黄鳝成品，规格整齐，颜色好，和野生相似，经销商反映市场好销，口味好，运输成活率高，整个饲养过程的饵料系数，水丝蚓大约为 4.3，膨化颗粒料为 1.3。

3）黄鳝在水温为 22~26℃时生长最快，投苗时有条件的可在 4~5 月，尽量避开 6~7 月黄鳝产卵期，因怀卵期的黄鳝在网箱人工养殖中作为苗种投放时死亡率较高，在黄鳝进入冬眠期时，即水温在15℃以下，11~12月时尽量不要投喂饵料，保持黄鳝处于自然状态下的冬眠规律，确保黄鳝收获时体质健壮，耐运输，成活率高，食用时口味鲜美。

4）养殖过程中没有发现明显的病症，这与苗种的收购有很大关系，黄鳝苗种收购好，消毒好，则养殖成功了一半。因本次试验用苗全部是本地产，质量较好，成活率高，只在投苗15天内出现过死亡，养殖中后期用中草药制剂驱虫，并对水体进行消毒，及时清洗网箱，确保水质清新是保证黄鳝生长速度快，成活率高的主要措施。

实例5-5　网箱育蝇蛆养鳝

江苏省宝应县在2003年已发展面积为120亩的网箱养鳝模式，根据自然界中黄鳝喜食蝇蛆这一特点，进行自然培育蝇蛆养殖黄鳝试验。

❶ 材料与方法

(1) 试验池塘　试验塘口为13.8亩的甲鱼养殖池，位于当地水产养殖公司渔场。水深2m，进排水方便，水质清爽，配备管理船1艘。在养殖季节，池塘按原有的模式正常放养鱼鳖。

(2) 网箱规格与设置　试验网箱采用统一规格，长8m、宽3m、高1.5m，高出水面0.5m。网箱采用聚乙烯网片制作，绞丝网类型。网箱撑架为竹竿，每只网箱配有6根，固定于水中。

本次试验共设置18只网箱，分3排设置，排与排之间距离4m。在放养黄鳝前15天安置网箱，使箱壁附着藻类，并移植水花生，其覆盖面积占网箱面积的80%，一方面净化水质，另一方面为黄鳝提供隐蔽栖息的场所。

(3) 苗种放养　黄鳝苗种均从当地市场收购，时间为2003年6月10日开始，6月底结束，共收购黄鳝605kg，其中50g/尾以下的280kg，放于8只网箱；50~100g/尾的325kg，放于10只网箱。黄鳝苗种收购标准是，体格健壮，无病无伤，剔除怀卵鳝，同一只网箱放养规格要一致，尽量一次放足。黄鳝进箱前，使用4%的食盐溶液浸浴消毒5min。

(4) 饵料培育　一般网箱养鳝，采用蚯蚓驯食，大约一周时间，让其摄食鱼肉或颗粒饲料，对于50g/尾以上的黄鳝驯食效果极不稳定，相当一部分黄鳝基本上不摄食鱼肉等人工提供的饵料。因而要求黄鳝苗种规格越小，效果越好。本试验未采取此方法，而是直接在网箱中培育黄鳝喜食的蝇蛆，让其自行吃食。具体方法如下。

黄鳝入箱的同时，以鱼肠、鸡肠等畜禽下脚料作为培养基，用泡沫箱（50cm×40cm×5cm）作为蝇蛆培养盘，置于水花生上，让苍蝇自行产卵，次日即有幼蛆孵出，第三天幼蛆长大，爬出培养盘，进入水中，黄鳝即可利用。

每只网箱放4个蝇蛆培养盘，整个养殖过程中，每7天更换培养盘，重新添加培养基。

（5）饲养管理

1）每天巡塘，做好防逃工作。每天早晚巡塘，主要检查网箱是否被鼠咬坏，若发现应立即修补。

2）定期消毒，防止水质恶化。培养基和蛆均为高蛋白，时间一长，水质易肥，高温季节，病菌容易大量繁殖，导致疾病暴发。每隔10～15天泼洒1次消毒剂，主要为漂白粉、二溴海因。

3）培养盘定期消毒。畜禽下脚料本身带有大量细菌，高温季节易腐败，时间一长，会变臭。因此培养盘每7天更换1次，更换出的培养盘用二溴海因浸泡消毒，洗刷干净后放于太阳下曝晒2天即可。

2 养殖效果

2003年11月20日～30日清箱出售黄鳝，共销售黄鳝641kg，其中150g/尾以上规格的115kg，100～150g/尾的275kg，50～100g/尾的251kg。实现销售收入18 082元。除去试验成本10 375元（其中，鱼种9 075元，畜禽下脚料800元，药费200元，网箱折旧费300元），获纯收入7 700元（因为鼠咬，有3箱基本上没有产量）。

3 结论与启示

1）常规养殖黄鳝，驯食的好坏是养殖成败的关键之一。不少养殖户往往因为驯食效果太差，黄鳝不吃人工投喂的饵料，导致互相残杀，鱼体消瘦，重量下降，仅仅靠季节性差价赚钱。本试验所采取的培育蝇蛆养殖黄鳝，有效地解决了这一难题，连续不断地为黄鳝提供适口、喜食的饵料，据我们观察，黄鳝集群栖息在培养盘下，捕食方便，加之蛆的营养价值高，黄鳝生长快，年终上市时，最大个体达400g。

2）节约成本，减轻劳动量。常规养殖，每日投喂煮熟的鱼肉，清除残饵，工作量大，饵料成本高。在本试验方法中，农贸市场上畜禽下脚料量多价低，甚至不要钱，只要人工运回即可，降低了养殖成本。

3）本例的中途一段时间，蛆培育过多，很长一段时间吃不完，在水中到处游，影响池塘水质。今后养殖黄鳝，采取专人专室培育蝇蛆，有条件的培育无菌蝇蛆，一方面不影响水质，另一方面可人为控制投饵量。

4）以往网箱养鳝，收购苗种时，考虑到驯食效果，青睐小规格苗种。而通过本试验，我们认为规格不再是关键，结合市场苗种行情和年终成鱼行情，来确定养殖苗种的规格，才是上策。

实例5-6　鱼、虾、蟹、鳝、鳅多品种混养

2004年，江苏省盐都县水产技术推广站工程师戴春明，根据水产生物学、生态学原理，采取模拟自然生态环境条件，进行鱼、虾、蟹、鳝、鳅等多品种混养试验，达到池塘养殖低投入、中产出、高效益的目的。本试验利用低洼地四周开沟筑堆圩的可提水池塘1个。面积$46.2 \times 667m^2$。共捕获成蟹1 550kg，青虾739.2kg，克氏螯虾1 039.5kg，黄鳝150kg，泥鳅750kg，鲫鱼577.5kg，草鱼1 848kg，销售总收入达103 790元，扣除成本60 890元（其中苗种23 000元，占37.77%，饲料8 890元，占14.6%，其他29 000元、占47.63%），纯利润为42 900元，平均928.57元/亩，现将其技术经验介绍如下。

1 池塘条件

池塘为近正方形，四周沟宽8m、深0.6～0.8m，滩面可提水至1.2m，池底为沙质土壤，淤泥较少，水源水质良好，进排水设施齐全，塘内设2t水泥船1只，用于投饵、施肥和管理。池塘内侧用密眼聚乙烯网布埋入土中作护坡和防鳝、鳅、克氏螯虾、蟹等钻洞。1个养殖周期开始时，池塘要清淤修补，用生石灰、茶籽饼等药物严格消毒，经过滤注水后，施足基肥，培养天然饵料，并栽种苦草、伊乐藻等水生植物。

❷ 苗种放养

河蟹：5月前放养每千克1 000只左右的早繁大眼幼体培育的“豆蟹”，每亩放养1 800只。

青虾：清塘后即可放养幼虾，放养量为3～5kg/亩，或4月前后放养80尾/kg的抱卵亲虾，放养量为0.5kg/亩。

鱼种：清塘后放养20尾/kg左右的异育银鲫鱼种放养量为4.5kg/亩；中后期由于水生植物生长过于茂盛，可放养草鱼9kg以控制水草。

螺蚌：“清明”节前后大量投放螺蛳、河蚌，让其自然繁殖。

其他品种：常年养殖虾蟹的池塘，由于极少使用剧毒农药，保护了池塘中黄鳝、泥鳅和克氏螯虾等天然资源。一般不需要另放苗种，可让其在池塘中自然繁殖和生长。该养殖仅在6月补放了每千克30尾左右的鳝种，放养量为0.4kg/亩，补放40尾/kg的鳅种，放养量为0.6kg/亩。

❸ 施肥投饵

由于采取模拟自然的生态养殖方式，以廉价的肥料（鸡粪）繁殖天然饵料（浮游动物、底栖生物、螺蛳、河蚌、水生植物等），供养殖品种自由觅食。人工投饵仅作为补充，每亩全期共投喂豆饼33kg、麸皮22kg、米糠22kg、小杂鱼等荤饲料43kg。投饵施肥根据天气、水质、天然饵料数量、养殖品种存塘量和生长季节灵活掌握。

❹ 水质调节

每天早晚各巡塘1次，根据天气、水质、浮头情况随时加注新水增氧。正常情况下每周加水1次，每次加水量视池水情况而定，一般注水20～30cm，保持溶氧充足，水位相对稳定，透明度在25cm左右，水质达到“肥、活、嫩、爽”的要求。每月全池泼洒1次生石灰，以起到调节池水pH等作用。

❺ 病害防治

在整个养殖生产过程中，苗种放养前用3%的食盐溶液浸浴

10min 或用 50mg/L 的高锰酸钾溶液浸浴 2～3min。在生长季节每半月加喂 1 次药饵（50kg 饵料加土霉素 25g，每天 2 次，连喂 3 天）。另外，饵料台、工具等经常用漂白粉消毒。

6 产品捕捞

鳝、鳅、青虾、克氏螯虾常年用地笼张捕，采取捕大留小的方法，只要达到上市规格，都要捕出销售。成蟹在“重阳”节后，傍晚在塘边池埂上徒手捕捉，并结合地笼张捕，直至 11 月底进行全塘捕捞，腾塘作下一个周期使用。

实例 5-7　生猪—水丝蚓—黄鳝生态养殖

湖南省湘潭市湘乡市东郊乡浒洲村在 2008 年利用规模猪场的猪粪 900t 养殖水丝蚓 30 亩，产水丝蚓 70t；利用水丝蚓加黄鳝膨化颗粒饲料 9.8t，发展小体积网箱 1 406 只，养殖成鳝 31 500kg，综合饲料系数为 4.38，成活率达 85%，年产值 157.5 万元，总成本 80.2 万元，年纯收入 77.3 万元，投入产出比为 1∶1.96。这标志着养猪—猪粪—水丝蚓—黄鳝结合的生态养殖技术取得了初步成功，为整个湘潭市养猪（年出栏生猪 570 万头，年产猪粪 285 万吨）治污工作起到了很好的示范作用。现将主要技术总结如下。

1 水丝蚓的培养

（1）水丝蚓的特性　水丝蚓也称水蚯蚓，属水生寡毛类动物，是黄鳝喜食的活体生物饵料。主要适宜养殖的水丝蚓有苏氏尾鳃蚓、霍氏水丝蚓和颤蚓等。水丝蚓个体比陆生蚯蚓小（长约 10cm），但群体产量较高。水丝蚓营养丰富，干物质含粗蛋白 62%，必需氨基酸总和达 35%。尾鳃蚓和水丝蚓的区别是前者有尾鳃，尾部常露出泥外，随水摆动呼吸，缺氧时颤动加快；后者没有尾鳃。水丝蚓喜生活在微流水水域、水底有机质丰富的淤泥中，一般潜伏在泥面下 10～25cm 处，低温时深埋泥中。喜暗畏光，不能在阳光下曝晒。以食泥土吸取其中有机腐屑、细菌和藻类为生。雌雄同体，异体受精。卵粒包藏在由透明胶质膜构成的囊状蚓茧中，内部含卵 1～4 粒，多则 7 粒。生殖期每一成体可排出蚓茧 2～6 个。水温在 22～32℃时，孵化期一般为 10～15 天。2 个月左右性成熟，人工培养的寿命约 3 个月。

（2）水丝蚓养殖场地选择与培育基料的建造　养殖水丝蚓的场地设在养殖黄鳝水塘周边的农田里。先将水田划成10m×20m小块，并整平。要求蚓田有0.50%～1%的坡度，在较高的一端设进水口，低的一端设排水口，并在进、排水口处设置栏栅，以防鱼、虾等敌害生物进入。蚓田内沿田埂边缘开挖一环形沟，以便蚓田中的水能排放完。要注意的是蚓田内培养基要耙平，使培养基淹水深度一致，并且进、出水口设置要合理，不能使蚓田内出现没有水循环的死角。进、出水口之间的距离要足够远，以免投放的饲料、肥料等被水带走。先在池底铺垫1层发酵的猪粪，用量是2～3kg/m^3。随即铺上1层污泥，使总厚度达到10～12cm，加水淹没基面，浸泡2～3天后施猪粪10kg/m^3左右；接种前再在表面敷1层厚度为3～5cm的污泥，同时在泥面上薄敷1层发酵处理的麸皮与米糠、玉米粉等的混合饲料150～250g/m^3；最后加水，使培养基面上有3～5cm深的水层，新建池的培养基一般可连续使用2～3年，此后则应更新。

（3）引种与接种　水丝蚓对环境的适应能力较强，所以在引种时间上没有十分特殊的要求，我国南方地区几乎一年四季都可引种、接种，湘潭地区在4月初引种培育的当年产量较高。水丝蚓的种源在城镇近郊的排污沟、畜禽饲养场及屠宰场的废水坑及皮革厂、糖厂、食品厂排放废物的污水沟等处，天然水丝蚓比较丰富，可就近采种。采种蚓可连同污泥、废渣一起运回，因为其中含有大量的蚓卵，运回后应立即接种。接种前切断进水和出水口，田内保持2～3cm深的水。然后将采回的蚓种均匀洒在培养基表面，接种水丝蚓量为500～750g/m^3左右。1h后，待水丝蚓钻入泥中后恢复流水，接种即告结束。

（4）饲料与投料　所投猪粪应充分腐熟、发酵，否则它们会在蚓池内发酵产生高热“烧死”蚓种与幼蚓。粪肥应按常规在坑凼里自然腐熟。发酵后的粪肥生产出的水丝蚓有害细菌和寄生虫卵等较少，蚓田的异味小。

要使水丝蚓繁殖快、产量高，必须定期投喂猪粪。接种后至采收前每隔10～15天，每亩应追施腐熟粪肥200～250kg；自采收开始，每次收后即行追施粪肥300kg左右，粮食类饲料应适量，以促进水丝蚓快繁速长。投喂猪粪时，应先用水稀释搅拌，除去草渣等杂物，再均匀泼洒在培养基表面，切勿撒成团块状堆积在蚓池里。投料前要关闭进水口，以免饲料漂流散失。

（5）擂池与水体管理　这是饲养管理中绝对不能缺少的一个环节。方法是用“T”形木耙将蚓池的培养基认真地擂动1次，有意把青苔、杂草擂入泥里。擂池的作用，一是能防止培养基板结；二是能将水丝蚓的代谢废物、饲（肥）料分解产生的有害气体驱除；三是能有效地抑制青苔、浮萍、杂草的繁生；四是能经常保持培养基表面平整，有利于水流平稳畅通。水深调控在3~5cm比较适宜。早春的晴好天气，白天池水可浅些，以利用太阳提高池温，夜晚则适当加深，以利于保温和防冻；盛夏高温期池水宜深些，以减少光辐射，最好预先在蚓池上空搭架种植藤蔓类作物遮阴。太大的水流不仅会带走培养基面上的营养物质和卵茧，还会加剧水丝蚓自身的体能消耗，对增产不利。但过小的流速甚至长时间的静水状态又不利于溶氧的供给和代谢废物等有害物质的排除，从而导致水质恶化，蚓体大量死亡。通常每亩养殖池每秒钟有0.005~0.01m^3（5~10kg）的流量就足够了。水丝蚓对水中农药等有害物质十分敏感，所以工业废水、刚喷洒过农药的田水或治疗鱼病的含药池水都不能进入水丝蚓培育池。

（6）采收与分离　水丝蚓的繁殖能力极强，孵出的幼蚓生长20多天就能产卵繁殖。每条成蚓一次可产卵茧几个到几十个，一生能产下100万~400万个卵。新建蚓池接种30天后便进入繁殖高峰期，且能一直保持长盛不衰。但水丝蚓的寿命不长，一般只有80天左右，少数能活到120天。因此及时收蚓也是获得高产的关键措施之一。采收方法可采取头天晚上断水或减小水流量，造成池缺氧，此时的水丝蚓群聚成团，漂浮在水面。第二天一早便可很方便地用聚乙烯网布做成的小抄网舀取水中蚓团。每次蚓体的采收量以捞光培养基面上的“蚓团”为准。这种采收量既不能影响其群体繁殖力，也不会因采收不及时导致蚓体衰老死亡而降低产量。为了分离水丝蚓，可把一桶蚓团先倒入方形滤布中在水中淘洗，除去大部分泥沙，再倒入大盆中摊平，使其厚度不超过10cm，表面铺上一块罗纹纱布，淹水1.5~2cm深，用盆盖盖严，密闭约2h后（气温超过28℃，密闭时间要缩短，否则会闷死水丝蚓），水丝蚓会从纱布眼里钻上来，揭开盆盖提起纱布四角，即能得到与残渣滓完全分离的纯水丝蚓。此法可重复1~2次，把渣滓里的水丝蚓再提些出来。盆底剩下的残渣含有大量的卵茧和少许蚓体，应倒回养殖池继续让其孵化生长。分离出的水丝蚓用0.5mg/L的二氯异氰尿酸钠溶液浸泡5~8min进行消毒处理，即可用来投喂黄鳝。

2 黄鳝网箱制作与设置

（1）网箱结构　箱体要求质量好，网眼密，呈中型敞口式。网箱长3m、宽2m、高1m，其水上部分0.6m，水下部分0.6m，网箱设置在水深1.5m以上的水体中。新制的网箱入水前，必须经过3~5天浸泡，有害物质散发消失后方可放养鳝种。

（2）网箱设置　箱体用支架固定在水中，支架为毛竹和角铁。网箱悬挂在支架上，网箱的四角连接在支架的上下滑轮上，便于网箱升降、清洗、捕鳝，网箱内鳝群栖息环境随水位变化而变动，箱体之间相隔1.5m。箱体沿塘边排列。网箱设置的面积不宜超过池塘面积的50%。

3 鳝种的投放与饲养

（1）鳝种挑选　鳝种挑选是非常重要的一环，要认真的选购。养殖利用的鳝种，都是来自饲养或笼捕野生的，鳝种要体表鲜亮，体色呈黄色或略带金黄色，健康无病，游动自如。

（2）投放时间　投放时间视当地具体情况而定，一般为4月上旬，有些地方为农历端午节前后。

（3）消毒　在修整鱼池后，投入鳝种前15天，选择晴天进行生石灰清池消毒，池中必须留有积水8~10cm。生石灰50~70kg/亩。收购的鳝种先用3%~4%的食盐溶液消毒5~10min，然后放入网箱中。

（4）放养量及规格　放养鳝种量要做到适中，一般放鳝种1.5kg/m^3，平均每尾70g。鳝种规格不一致时，放入同一网箱的一定要规格相同，避免因摄食能力不同而导致生长差异，以至相互蚕食。

❹ 饲养管理

（1）水的管理　保持水位稳定，夏季注意黄鳝的防暑工作，水位不宜过浅，防止水温过高而影响黄鳝的生长。春秋每7天左右换1次水，夏季每3天左右换1次水，换水量占全池水量的1/2～1/3，冬季池水温度降低，黄鳝停止摄食，进入冬眠状态，要及时做好防冻越冬工作。

（2）荫庇物的设置　夏季是成鳝养殖的关键季节，但水温易超过30℃，对黄鳝生长构成威胁。此时，应采取必要措施，一是搭棚遮阴，以遮挡烈日直射；二是在池中栽种水葫芦、水花生等（注意水面植物的覆盖面不可超过池面的1/2），网箱内的水草占网箱面积的98%以上。

（3）合理投喂　鳝种入池后，要做好驯食工作。由于入池后环境的改变会使黄鳝有一个适应的过程，一般前2～3天不需要喂食；之后模仿天然鳝种的摄食习惯，于傍晚6：00～7：00投饲，使用水丝蚓进行投喂，水丝蚓与黄鳝膨化颗粒饲料的比例为5∶1。投喂方法严格遵循“四定”原则，即定时、定量、定质、定位。

定时：水温在黄鳝的适温范围内，即20～28℃，每天投喂2次，上午8：00～9：00，晚上6：00～7：00。水温高于28℃或低于20℃，每天投喂1次，为晚上6：00～7：00。投饵应天天坚持，因为在饵料严重缺乏时黄鳝会相互蚕食。

定量：日投饵量主要根据水温而定。水温20～28℃时，日投饵量最大，为黄鳝体重的6%～10%；水温在15～20℃时，投饵量逐步增加，日投饵量为黄鳝体重的4%～7%；水温超过28℃时，日投饵量为黄鳝体重的4%～6%。日投饵量在短期内应相对稳定，切不可时多时少，时停时投。

定质：黄鳝对饵料要求较高，所以投喂的水丝蚓要消好毒，保持活体。黄鳝膨化颗粒饲料的粗蛋白质含量≥41%，赖氨酸含量≥2.0%，粗脂肪含量≥13%，粗纤维含量≤3.0%。饲料中粗蛋白质的65%由进口鱼粉（PC≥63%）提供。

定位：饵料应投在固定的地方，方便于观察黄鳝的吃食情况，及时调整投饵量及清除残饵。

⑤ 鳝病防治

4~10月，除每隔半个月每亩水面每米水深用10~15kg生石灰全池泼洒外，在发病季节每次用7mg/L的生石灰泼洒箱体，黄鳝病的治疗按常规方法进行即可。

⑥ 猪粪—水丝蚓—黄鳝健康生态技术的缺点与优点

缺点：养殖水丝蚓占用大量的农田，且劳动强度大。

优点：

1）猪粪可以用来生产沼气、复合肥、农家肥、陆生蚯蚓等，但是如何利用猪粪解决养殖污染、保护农村环境一直是一个令人非常棘手的难题。利用猪粪养殖水丝蚓不仅可以解决猪粪对环境的污染问题，同时解决了部分特种水产品（如甲鱼、黄鳝、长吻鮠等）的饵料问题，对特种水产种苗培育和成品养殖具有重要意义。

2）利用水丝蚓养殖的黄鳝驯食期短，生产速度较快，成活率达到85%左右，比纯粹用膨化颗粒饲料养殖的黄鳝成活率提高15%左右。

3）以水丝蚓为主养殖出来的黄鳝颜色鲜亮，口感好，营养丰富，深受市场欢迎。

4）以水丝蚓为主养殖出来的黄鳝耐运输，耐储存，运输过程中成活率较高，抗应激性反应能力强。

实例5-8 荡滩鱼、鳅、鳝混养

方云东在1996~1997年进行大水面鱼、鳝混养，在不单独投饵的情况下，取得了每亩增加纯收入800元的经济效益。

① 塘口准备

1）水面为荡滩，面积100亩，平均水深1.2m，浅水区占1/3，池埂坚实，不渗漏。配备2台S195柴油机，2套抢排泵，船2条。

2）清整消毒：每年冬季干塘结束，曝晒半月后，用生石灰清塘消毒。

② 苗种放养

1）苗种来源：花白鲢、银鲫为专塘培育，黄鳝、泥鳅为收购。

2）放养情况：见表7-18、表7-19。

表 7-18　1996 年苗种放养情况

放养时间	品　　种	规　　格	数量/kg	放养量/（kg/亩）
3 月	鲢鱼	15 尾/kg	1 000	10
6 月 28 日	银鲫	夏花	35 万尾	3 500 尾/亩
5～6 月	黄鳝	40～50 尾/kg	110	1.1
5～6 月	泥鳅	—	150	1.5

表 7-19　1997 年苗种放养情况

放养时间	品　　种	规　　格	数量/kg	放养量/（kg/亩）
3 月	鲢鱼	15 尾/kg	1 000	10
6 月 25 日	银鲫	夏花	40 万尾	4 000 尾/亩
5～7 月	黄鳝	40～50 尾/kg	200	2
5～7 月	泥鳅	—	200	2

❸ 饲养管理

（1）严格把好苗种质量关　放养的鱼种要求体格健壮，无病无伤，规格整齐。

黄鳝苗种：一般开春后与捕捞户联系，将每天捕捞的黄鳝及时放养，暂养时间过长的黄鳝苗种尽量不要。黄鳝苗种选体色黄且杂有斑点者为佳，规格在 40～50 尾/kg。

苗种下塘前要消毒，一般用 3%～4% 的食盐溶液浸浴 5min。

（2）控制好水质　大水面水体大，水质相对稳定性好，一旦发生恶化，很难急救，工作量和成本均很大。养殖期间，饵料均用颗粒饲料，根据存塘鱼体重每 10 天调整 1 次投饵量，做到饵料不剩余，高温季节勤加换水，7～8 月份每 2 天加换水 1 次，每次 1/4～1/3。

（3）重视水生植物的种植　黄鳝喜阴凉环境，其繁殖也需水生植物。本试验塘口，有一部分浅水区，移植了水花生，深水区栽种荷藕，水生植物覆盖面积占总面积的 15% 左右。

（4）加强防逃措施　混养黄鳝，放养密度低，无需专门投饵，中心工作是防逃。进出水口、危险坝埂均可发生逃鳝。因此，进出口水均用细铁丝网加固好，危险坝埂采用聚乙烯网布深埋土中，防止黄鳝打洞穿过坝埂逃逸。

❹ 收获

每年8月份开始捕黄鳝，年底干塘。收获情况见表7-20、表7-21。

表7-20　1996年收获情况

捕捞时间	品　种	总产量/kg	均产量/（kg/亩）
12月20日	鲢鱼	11 800	118
12月20日	银鲫	13 100	131
8～11月	黄鳝	930	9.3
8～11月	泥鳅	900	9

表7-21　1997年收获情况

捕捞时间	品　种	总产量/kg	均产量/（kg/亩）
12月20日～25日	鲢鱼	12 600	126
12月20日～25日	银鲫	15 000	150
8～11月	黄鳝	1 550	15.5
8～11月	泥鳅	2 000	20

❺ 启示

1）大水面积混养，一般鱼产量在250～300kg/亩，鳝鱼产量在10～15kg之间。产量过高，水质不易控制，易造成泛塘死亡。黄鳝放养量过大，造成上市规格不大，且易相互残杀。

2）黄鳝喜生活在土中，不易捕捞干净，第二年上市，规格也增大，价格更高。加之当年繁殖的幼鳝。规格小，上市价格低，需留塘次年上市。故大水面鱼鳝混养，养殖期要2年以上，经济效益才更佳。

3）大水面混养黄鳝，一定要配套放养泥鳅，泥鳅繁殖快，小泥鳅又是黄鳝的活饵料，泥鳅的存在既可清除残饵，改善水质，又可增加经济收入。

实例 5-9　围网养鳝

围网养鳝，是在稻田或地势较平坦的浅水中，用网片围成一定的养殖范围进行养鳝。它适宜于大范围、大规模的黄鳝养殖生产，是一种近乎自然的、半人工、半野生的养殖模式。该养殖模式省工、省投资，每 1 000m^2 面积，当年投放 500kg 鳝种，翌年 10 月便可收获商品鳝 2 000 ~ 3 000kg。按低等产量、中等售价计算，并减去所有成本，2 年即可获纯利 3.5 万元以上。林易等将围网养鳝高产技术介绍如下。

1 围网方法

选择密织、抗钻强度好的聚乙烯材料做成的网片，网片高 1.5m。套置围网一般在冬季进行，先排干选定范围内的塘水或稻田水，再在选定的范围圈上，挖一圈深 60 ~ 70cm 的小沟，将网片底脚埋入泥中。然后用若干细竹竿，垂直支撑起网片，使其形成防逃的网片围墙。围网的范围可呈正方形、长方形、圆形和三角形等。在围网的接头处，要仔细紧密地缝合好。围网设置好后，在围网外 1m 处，设置宽 1m、高 60cm 的土埂，以利于保水、换水、换水和日常管理。

2 土层改造

围网范围较小，可在冬季翻挖一遍土层，早春注水浸泡 10 ~ 15 天后再进行水草移植；围网范围较大，可用耕牛带水翻耕一遍土层，翻耕后不要耙耘，只需灌水浸泡数天后，便可移植水草。

3 水草移植

围网范围较小，可将水花生、水葫芦等水草，移植在中央部位，面积占围网范围的 2/3；围网范围较大，可一块一块地移植水草，块与块间隔 1 ~ 2m。每块水草移植面积的大小，应根据养殖范围大小定，如 1 000m^2 面积，可移植 4 块水草；2 000m^2 面积，可移植 8 ~ 9 块水草。

4 鳝种投放

围网养鳝的鳝种投放密度宜小，若是当年投种、当年收获，每平方米面积可投放50g以下的鳝种0.5kg，50g以上的鳝种0.7～1kg；若是当年投种，翌年收获，每平方米面积可投放30g左右的鳝种0.3kg，40g左右的鳝种0.4kg，50g左右的鳝种0.55kg，55g以上的鳝种不宜投放。此外，在同一围网范围内，投放鳝种的大小规格要基本一致。

5 饲料投喂

鳝种放养结束待行动正常后，在晚上开始驯食。驯食饲料选鳝最爱吃的蚯蚓、小杂鱼、蚌肉等动物性饲料，采取少量多餐的方法，以后每天逐渐提前投饲料时间，直到正常摄食。在鳝鱼形成良好的摄食习性后，即可开始慢慢在动物性饲料中加入人工颗粒饲料共同投喂，先少后多，逐渐增加，最后的比例控制在1kg动物饲料配1.5～2kg人工饲料，每天投喂2次，以6：00～7：00、17：00～18：00为宜。每天的投喂总量，开始时按鳝体量的2%～3%计算投饲料量，以后逐渐增加到6%。

由于大规模的围网养鳝，都存在着黄鳝饲料短缺问题。对此，可利用死鱼、猪肺等变质的废物进行繁衍蝇蛆来进行补充。实践证明，在养鳝的范围内设立育蛆点，省工、省力、省投资，且行之有效。做法是：每50m^2面积设点1个，用3根长1.5m的木棍，栽成一个三脚架，在架上吊一个底部有若干小孔的竹篮。然后将经过热处理的死鱼、猪肺等废料放置于篮内，上遮阴，以利于蝇蛆在篮内自然繁衍。当蝇蛆繁衍到一定数量、生长到一定大小的时候，其废料也会自然解体，蝇蛆也会因失去寄养附身物而从篮底部的小孔掉入水中，让黄鳝美餐。每周添加1～2次消毒处理后的废料，不加任何管理，即可培育出很多蝇蛆来。

6 日常管理

（1）管水　围网养鳝的水深一般保持在20～40cm之间，夏季宜深，春、秋季宜浅。平常一般很少换水。在盛夏高温期，如果水质差，可间隔20天左右酌情换水1次。

（2）施粪　在围网内每 1 000m^2 面积施用牛粪 2 500～4 000kg，既不污染水质，又能改善土层松度，增加土层肥力，促进水草生长，提高黄鳝抗病能力，使鳝快长。

（3）防逃　对于围网墙要经常检查，发现破损及时缝补。在暴风骤雨之夜，要做好巡查工作，严防黄鳝堆积一角，相互合作外逃。

（4）清毒与灭虫　每间隔 20 天清毒 1 次，可用 25mg/L 的生石灰水或 1mg/L 的漂白粉溶液全范围内泼洒。每间隔 45 天灭虫 1 次，每立方米水体可用 90% 的敌百虫晶体 0.5～0.7g，化水全范围泼洒。

7 干池越冬

从 11 月上旬开始，将围网内水层缓缓下降，使鳝慢慢打洞潜入泥土中，待到黄鳝洞穴在水底十分明显时，彻底将水排干。晒 3～5 天，以灭萍和除淤泥异味。然后在泥层表面覆盖一层稻草、茅草等防寒之物，确保黄鳝安全越冬。

实例 5-10　鳝、蚓、龟流水分级养殖

近年来，江苏省滨海县坎北乡养殖大户孙德成，采用鳝、蚓、龟流水分级养殖模式，其 30 亩池塘每年生产产品 1t 以上，纯收入 10 万元以上，并且出口绿毛龟、金钱龟等，成了远近闻名的专业户。

1 一级池主养黄鳝，兼养蚯蚓和水浮萍

（1）池塘建造　选择常年有流水的地方建池，池塘面积、形状和方向自行确定。池壁高 1～1.5m，在对角处设进出水口，均装好防逃设施。

（2）池内堆土　在池内堆若干条宽 1.5m、厚 25cm 的土畦，畦与畦之间距离 20cm，四周与池壁也保持 20cm 距离。所堆的土必须是含有有机质的壤土，以便于蚯蚓繁殖和黄鳝打洞藏身。

（3）繁殖蚯蚓　堆好壤土后，使池中水深保持 5～10cm，然后放养蚯蚓种 2.5～3kg/m^2，并在畦面上铺 4～5cm 厚的发酵过的牛粪，让蚯蚓繁殖。以后每 3～4 天将上层被蚯蚓吃过的牛粪刮去，加铺新的发酵过的牛粪 4～5kg/m^2。这样，经过 14 天左右，蚯蚓已经大量繁殖，即可放入鳝种。

（4）放养鳝种　放养密度要看鳝种规格而定，以整个池面积计

算，若是30~40尾/kg的个体，放养量为4kg/m²；若是40~50尾/kg的个体，放养量为3kg/m²。从4月养到11月，成活率在90%以上，规格为6~10尾/kg。

（5）鳝种管理　鳝种经消毒后，放入池中，池中水深保持在10cm左右，并一直保持微流水。以后每3~4天将畦面牛粪刮去一层，随后每平方米加4~5kg发酵过的新牛粪，保证蚯蚓不断繁殖，既可为二级池、三级池的鱼、龟提供优质适口饵料，同时可供黄鳝在土中取食，不需人工投喂其他饵料。池内的黄鳝由于水质一直良好，且有优良的活饵——蚯蚓供摄食，因而不易发病，生长快，产量高，经济效益好，一般每平方米可产鳝14~15kg。在养殖期间，对黄鳝的常见病害则采取预防措施。

（6）水浮萍培植　培植的目的是改善和净化水质，亦可供养殖对象摄食。

❷ 二级池龟鱼混养，配养福寿螺

（1）池塘建造　池四周可用砖等砌成90~100cm高的防逃墙，进排水方便，养殖面积大小、形状可根据养殖规模而定；根据龟喜阴怕热怕冷、喜静怕乱、喜洁怕脏的习性，可在所养塘中设砖砌有暗洞的台阶或假山数座，靠假山1m处安装60W黑光灯数只，高出水面80cm，若有条件，可在池底铺混沙土（土30%、沙70%）20cm，保持水位为1.5m。

（2）龟种选育　苗种质量的好坏，是养龟成败的关键。人工培育种龟是解决苗种的可靠途径。优质龟种应无病无伤，身体健壮，四肢有力，颈伸缩自如，反应灵敏，背腹甲有光泽，肢体健全。放养以整个池面积计算，一般每平方米放养1龄20~30只，2龄7~20只，3龄3~5只。

（3）培育福寿螺　福寿螺繁殖率高、生长快、产量高，是龟的优质饵料，其放养密度是30kg/公顷。福寿螺进行交配后，大约1~5天后即开始产卵，每一卵群有卵粒10~2 000粒，1个雌螺可连续产卵群20个左右。卵在气温18~22℃时，1个月左右才能孵化，但在28~30℃时，则1周左右即可孵化。

第一章 第二章 第三章 第四章 第五章 第六章 第七章

（4）龟饵来源　其途径是利用黑光灯繁殖福寿螺。

（5）鱼龟混养　鱼应以鲢、鳙为主，适当搭配草食性和杂食性鱼类。投饵的重点是龟，其次是草鱼。龟和草鱼的粪便能肥水、繁殖浮游生物；同时龟和鱼上下活动可使水体进行交换。

附录　常见计量单位名称与符号对照表

量的名称	单位名称	单位符号
长度	千米	km
	米	m
	厘米	cm
	毫米	mm
面积	平方千米（平方公里）	km^2
	平方米	m^2
体积	立方米	m^3
	升	L
	毫升	mL
质量	吨	t
	千克（公斤）	kg
	克	g
	毫克	mg
物质的量	摩尔	mol
时间	小时	h
	分	min
	秒	s
温度	摄氏度	℃
平面角	度	(°)
能量，热量	兆焦	MJ
	千焦	kJ
	焦［耳］	J
功率	瓦［特］	W
	千瓦［特］	kW
电压	伏［特］	V
压力，压强	帕［斯卡］	Pa
电流	安［培］	A

参考文献

[1] 韩名竹，等. 黄鳝与泥鳅养殖［M］. 上海：上海科学技术出版社，1989.

[2] 徐在宽，等. 鲶鳝蛙螺养殖与疾病防治新技术［M］. 南京：南京出版社，1997.

[3] 施颂发. 稻田养殖黄鳝泥鳅［M］. 北京：中国农业出版社，1999.

[4] 徐在宽，等. 怎样办好家庭泥鳅黄鳝养殖场［M］. 北京：科学技术文献出版社，2008.

书　目

书　名	定　价	书　名	定　价
高效养土鸡	29.80	高效养肉牛	39.80
高效养土鸡你问我答	29.80	高效养奶牛	22.80
果园林地生态养鸡	26.80	种草养牛	39.80
高效养蛋鸡	29.80	高效养淡水鱼	29.80
高效养优质肉鸡	19.90	高效池塘养鱼	29.80
果园林地生态养鸡与鸡病防治	20.00	鱼病快速诊断与防治技术	19.80
家庭科学养鸡与鸡病防治	35.00	鱼、泥鳅、蟹、蛙稻田综合种养一本通	29.80
优质鸡健康养殖技术	29.80	高效稻田养小龙虾	29.80
果园林地散养土鸡你问我答	19.80	高效养小龙虾	25.00
鸡病诊治你问我答	22.80	高效养小龙虾你问我答	20.00
鸡病快速诊断与防治技术	29.80	图说稻田养小龙虾关键技术	35.00
鸡病鉴别诊断图谱与安全用药	39.80	高效养泥鳅	16.80
鸡病临床诊断指南	39.80	高效养黄鳝	25.00
肉鸡疾病诊治彩色图谱	49.80	黄鳝高效养殖技术精解与实例	25.00
图说鸡病诊治	35.00	泥鳅高效养殖技术精解与实例	22.80
高效养鹅	29.80	高效养蟹	29.80
鸭鹅病快速诊断与防治技术	25.00	高效养水蛭	29.80
畜禽养殖污染防治新技术	25.00	高效养肉狗	35.00
图说高效养猪	39.80	高效养黄粉虫	29.80
高效养高产母猪	35.00	高效养蛇	29.80
高效养猪与猪病防治	29.80	高效养蜈蚣	16.80
快速养猪	35.00	高效养龟鳖	19.80
猪病快速诊断与防治技术	29.80	蝇蛆高效养殖技术精解与实例	15.00
猪病临床诊治彩色图谱	59.80	高效养蝇蛆你问我答	12.80
猪病诊治 160 问	25.00	高效养獭兔	25.00
猪病诊治一本通	25.00	高效养兔	35.00
猪场消毒防疫实用技术	25.00	兔病诊治原色图谱	39.80
生物发酵床养猪你问我答	25.00	高效养肉鸽	39.80
高效养猪你问我答	19.90	高效养蝎子	25.00
猪病鉴别诊断图谱与安全用药	39.80	高效养貂	26.80
猪病诊治你问我答	25.00	高效养貉	29.80
图解猪病鉴别诊断与防治	55.00	高效养豪猪	25.00
高效养羊	29.80	图说毛皮动物疾病诊治	29.80
高效养肉羊	35.00	高效养蜂	25.00
肉羊快速育肥与疾病防治	35.00	高效养中蜂	25.00
高效养肉用山羊	25.00	养蜂技术全图解	59.80
种草养羊	29.80	高效养蜂你问我答	19.90
山羊高效养殖与疾病防治	35.00	高效养山鸡	26.80
绒山羊高效养殖与疾病防治	25.00	高效养驴	29.80
羊病综合防治大全	35.00	高效养孔雀	29.80
羊病诊治你问我答	19.80	高效养鹿	35.00
羊病诊治原色图谱	35.00	高效养竹鼠	25.00
羊病临床诊治彩色图谱	59.80	青蛙养殖一本通	25.00
牛羊常见病诊治实用技术	29.80	宠物疾病鉴别诊断	49.80